U0429338

名仕家风

李传印 贺新芳 / 编著

華中科技大學出版社
中国 · 武汉

图书在版编目(CIP)数据

名仕家风/李传印,贺新芳编著.—武汉:华中科技大学出版社,2019.7
(中华家风系列丛书/杨叔子主编)
ISBN 978-7-5680-5257-3

Ⅰ.①名… Ⅱ.①李… ②贺… Ⅲ.①家庭道德-中国 Ⅳ.①B823.1

中国版本图书馆 CIP 数据核字(2019)第 111007 号

名仕家风 李传印 贺新芳 编著
Mingshi Jiafeng

总 策 划:姜新祺
策划编辑:杨 静 谢 荣
责任编辑:谢 荣
封面设计:红杉林文化
责任校对:李 琴
责任监印:朱 玢
出版发行:华中科技大学出版社(中国·武汉) 电话:(027)81321913
武汉市东湖新技术开发区华工科技园 邮编:430223
录 排:华中科技大学惠友文印中心
印 刷:湖北新华印务有限公司
开 本:880mm×1230mm 1/32
印 张:8.625
字 数:191 千字
版 次:2019 年 7 月第 1 版第 1 次印刷
定 价:32.00 元

前　言

习近平总书记曾指出，中华传统文化是我们民族的“根”和“魂”。我们如果抛弃了传统，丢掉了根本，就等于割断了自己的精神命脉，中华民族就没有了根植的土壤。中国传统文化经过几千年的积累和沉淀，给我们留下了丰富的历史文化遗产，而一些名仕优良家风就是其中的瑰宝。历史上那些乡贤名仕不仅严格要求自己，立德立言，立功树人，而且他们还以庭训、面命、刻石立碑、撰写家训、撰写遗嘱，或以身作则、率先垂范等不同方式来教诲子孙，训教弟子，要求家族子孙或授业门生修身养性、清白做人、踏实做事，做一个对国家、对民族、对社会有用的人，形成了极具特色的名仕家风。这些名仕家风是中华传统文化的重要组成部分，也是中华民族能够绵延不绝的“根”和“魂”。

民间流传有这么一个故事：从前有一个人出身寒微，但他很聪明，且十分勤奋，生活俭朴，虽然是白手起家，但经过努力打拼，逐渐积累了殷实的家业。但是，这个人在奋斗过程中，经历过种种苦难，品尝过种种辛酸，也体会了世态的炎凉和无奈。他深知一粥一饭来之不易，半丝半缕物力维艰。苦难的人生经历让他逐渐养成了节俭，甚至有些抠门的生活习惯。光阴荏苒，岁月蹉跎，这个辛劳一生的人，慢慢地变老了，身体大不如前，后来竟一病不起。儿孙们围坐在老人床榻前几个日夜，准备安静地送走老人。奇怪的是，老人躺在床榻上，气息微弱，宛如游丝，但总是咽不下最后一口气，看着都让人心痛。老人的儿孙觉得很奇怪，百思不得其解，不知道老人家还有什么牵挂。偶然间，有人发现老人的两只眼睛死死盯着床前的一盏油灯，走近仔细一看，发现油灯的灯盏里有两根灯草，有两个小火球。家人顿时明白了，赶紧把灯草剔下一根。灯草刚刚剔下，老人就放心地闭上了眼睛，走得很安详。这位一生勤奋和节俭的老人，一方面为儿女们积攒下巨额财富，一方面也希望儿女们能勤劳俭朴，使子子孙孙不再受饥寒之苦。

遗憾的是，老人的物质财富被儿孙们全部继承了，但节俭勤劳的好习惯却被儿孙们丢得一干二净。这些不孝儿孙们整日游手好闲，大吃大喝，日子过得有滋有味，结果坐吃山空，在老人去世后不到二十年的时间里，老人留下的殷实之家就被这些儿孙们败得精光，这个家族又回到了一穷二白的原点。

这个故事是真是假我们已经无法考证，故事的情节与吴敬梓《儒林外史》第五回《王秀才议立偏房，严监生疾终正寝》中严监生的表现颇为相似。当今的人们根据自己所持有的世界观、人生观和价值观对这个故事的意义也进行着不同的解读，但有一点却是共同的，即人们对这个拼搏一生的人有些惋惜、同情，甚至鸣不平。故事的主人公凭借自己的勤奋和努力，改变了自己的命运和境遇，但他没有改变这个家庭和家族的命运。兜了一圈，这个家族又回到原点。究其原因，我们认为最根本的一点在于故事的主人公虽然自己养成了勤俭节约、努力奋斗的良好品质，也获得了人生的成功，但是，这种良好的个人品质没有能够有效地转化为一种良好家风，儿孙们坐享其成，不知稼穑之难，不知勤俭之贵，不知奋斗之苦，应验了“富不过三代”的历史宿命，也证明了孟子所说“富岁，子弟多赖；凶岁，子弟多暴”这句话的现实意义。

人民的眼睛是雪亮的，历史的眼睛也是灼人的。唐朝大诗人刘禹锡有一首很著名的诗《乌衣巷》：“朱雀桥边野草花，乌衣巷口夕阳斜。旧时王谢堂前燕，飞入寻常百姓家。”诗人刘禹锡站在秦淮河边，遥想东晋时期秦淮河边，朱雀桥上，冠盖云集；乌衣巷里，繁华鼎盛，心生向往。而今秦淮依旧，但物是人非，繁华不再，朱雀桥上野草丛生，乌衣巷里狐兔出没，在如血残阳中更显得荒凉破败。刘禹锡思绪万千，感慨沧海桑田，人生多变。

历史是一面镜子，照出了世事的沧桑和人生百态。历史证明，如果一个家庭或家族家风清纯雅正，必然子孙事业有成，家族兴旺，甚至百世不衰。如果一个家庭或家族家风污浊邪恶，必然“富不过三代”，必然破败。美国曾有学者将两个家族进行对比，一个是爱德华家族，一个是珠克家族。爱德华是位哲学家，严谨勤奋，事业有成。而珠克是个赌徒，毕生浑浑噩噩。两百年间，爱德华家族曾出过 13 位大学校长，100 多位大学教授，80 多位文学家，60 多位医生，还有 1 人当过副总统，1 人当过驻外大使，20 人当过议员。而珠克家族则出了 300 多个乞丐、流浪汉，400 多人因酗酒致残或死亡，60 多人犯过诈骗、盗窃罪，7 个杀人犯。这就是家风的影响，由此可见，良好的家风在人们的成长过程中起着关键的作用，是人们一生的财富。

从传统到现代，中国社会经历了巨大变迁，这种变迁也映射到了家庭中。家庭成员结构关系的改变，家庭存在的外部环境都发生了显著变化，传统家庭功能有所弱化，家庭教育出现了一些危机和隐忧，家风在一些年轻人的意识里已经虚化或淡灭。

2014年春节期间，中央电视台通过随机采访社会各个阶层的人，做了一期电视节目《新春走基层——家风是什么》。对于什么是“家风”，有的富二代回答说“家风就是不啃老，不坑爹”；有某香港影星说“家风就是退一步海阔天空，国比家大”；有小学生说“家风就是爸爸每周打我一次”；有一对80后的小夫妻直言家风就是“老公挣钱老婆花”；更有一个年轻人从来没有听说过“家风”这个词，居然回答说“我家风很大”。面对这些林林总总的奇葩回答，我们应该是笑不起来的，在传统文化积淀如此深厚的中国，当下年轻人脑海中，传统的耕读传家、积德行善、仁孝清廉等家风观念和家风意识居然荡然无存。

究竟什么是“家风”呢？简而言之，家风就是一个家族、家庭所具有的风气、风貌等精神状态和生存方式，是家族累世积淀的家族文化。家族不仅传承血脉子孙，同时也传承家族的性格和风貌，家族的性格和风貌虽然看不见、摸不着，但却体现在每个家族成员举手投足的些微小事中。家风也是一个家族代代相传沿袭下来的体现家族成员精神风貌、道德品质、审美格调和整体气质的家族文化风格。在某个时代，如果一个家族出现了一个立德、立功、立言方面都做得很好的人，深孚众望，他的嘉言善行被家族成员敬仰追慕，并世代谨守弘扬，就形成了一个家族鲜明的道德风貌和审美风范。好的家风不是自然形成的，而是由家族的人或者说家庭的人努力营造而形成的，其中可能付出了几代人的心血。

养成好家风，首先需要家长做出表率。《中庸》有言："君子之道，造端乎夫妇，及其至也，察乎天地。"意思是说，君子之道的起点是夫妇，夫妇不仅是人类繁衍的前提，夫妇和谐更是家庭稳定的基石。传统的儒家对于夫妇的结合与离异特别看重，也特别谨慎，原因就在于一旦夫妇一方只从自己的感情或利益出发，没有包容、谦让与责任，婚姻关系就不稳定，家庭就可能破裂，社会道德、风俗与秩序也会出问题。所以，家风建设的前提是夫妇要修身立德，父母做表率。

《孔子家语·六本》中记载孔子所言："吾死之后，则商也日益，赐也日损。"曾子曰："何谓也?"子曰："商也好与贤己者处，赐也好说不若己者。不知其子视其父，不知其人视其友，不知其君视其所使，不知其地视其草木。故曰：与善人居，如入芝兰之室，久而不闻其香，即与之化矣。与不善人居，如入鲍鱼之肆，久而不闻其臭，亦与之化矣。丹之所藏者赤，漆之所藏者黑。是以君子必慎其所与处者焉。"用现在的话来说，孔子的意思是："我死之后，子夏会比以前有所进步，而子贡会比以前有所退步。"曾子问："为什么呢?"孔子说："子夏喜爱同比自己贤明的人在一起，所以他的道德修养将会不断提高。子贡喜欢同才智比不上自己的人相处，因此他的道德修养将日渐丧失。如果不了解孩子如何，看看孩子的父亲就知道了；如果不了解一个人，看他和哪些人交朋友，看看他周围的朋友就可以了；如果不了解君王如何，看看他的臣下是些什么人就可以了；如果不了解一个地方的情况，看当地的草木生长情况就可以了。所以常常和品行高尚的人在一起，就像沐浴在种植芝兰、散满香气的屋子里一样，时间长了便闻不到香味，但本身已经浸满香气了；和品行低劣的人在一起，就像到了卖咸鱼的地方，时间长了虽然闻不到臭味，是因为融入到腐臭环境里了；放丹砂的地方时间长了会变红，放漆的地方时间长了会变黑。所以说君子必须谨慎地选择自己所处的环境。”环境对人的成长有潜移默化的作用，人成长于家庭，家庭在一个人的成长过程中起着极为重要的作用。家庭及其家风或如芝兰，在它的熏染下成长的人也必然有着芝兰般美好高洁的品质。或如鱼肆，大家臭味相投，狼狈为奸，这样的家庭养育出来的必然是些卑邪小人、作奸犯科的坏人。

古往今来许多乡贤名仕都重视以文育人、以学立身、以儒治家、耕读传家，把个人的修身立业与培养良好的勤、学、俭、廉家风联系在一起，让子孙从小就养成善学勤学、俭朴勤劳、清正廉洁的好习惯，不断陶冶儿孙们的道德情操，避免让儿孙们坐享其成，养成“富二代病”和“官二代病”，从而陷入少知而迷、不知而盲、无知而乱的人生困境。古人说：“学者非必为仕，而仕者必为学”，意思是说，学习不一定非要做官，而做一个好官则必须好好学习。中国古代许多乡贤名仕立德树人就是我们要好好学习的榜样。

习近平总书记在2015年参加春节团拜会时指出：“家庭是社会的基本细胞，是人生的第一所学校，不论时代发生多大变化，不论生活格局发生多大变化，我们都要重视家庭建设，注重家庭、注重家教、注重家风，紧密结合培育和弘扬社会主义核心价值观，发扬光大中华民族传统家庭美德。”2016年1月12日，在中纪委十八届六次

(《习近平用典》一书首发式)

全会上，习近平总书记再次强调："每一位领导干部都要把家风建设摆在重要位置，廉洁修身、廉洁齐家。"

家风是实现人生价值的奠基石。对于孩子来说，家风是人生第一堂课。如有些学者所说的那样，如今一些孩子身上出现了一些突出问题，问题孩子、问题少年已成为一个严重的家庭问题和社会问题，这与家风家教不健全甚至扭曲错位密切相关。良好的家风，如春风化雨，浸润人的思想和情操，陶冶人的德行修养；不好的家风，则会把人引上歧路或邪路。

要培育好家风，家长要有较好的文化自觉。家庭是人生的第一所学校，家长是孩子的第一任老师。家风是一种特殊的知识和信息传播，来自父母的言传身教。在家风建设中，家长的理念比知识重要、身教比言教重要。"问题孩子"的背后往往都有"问题父母"的影子。罗曼·罗兰曾说："生命不是一个可以孤立成长的个体；它一面成长，一面收集沿途的繁花茂叶。"

要培育好家风，就要充分继承和发扬优秀的传统文化遗产。孔子说："不学《诗》，无以言；不学《礼》，无以立。"注重礼义兴家、诗书传家，勤俭持家，廉洁保家是我国古代治家的好传统，春秋时期的孔子诗书传家，东汉杨震要求子孙做清白吏，宋代包拯不许子孙贪赃的训诫，清代宰相张英"让他三尺又何妨"的胸怀，在历史上是良好家风的典范，在今天都是我们应该继承和发扬的正能量。

面对现在家庭单元变小，家庭意识不断衰减，以及因为人口流动，传统的家庭、家族逐渐瓦解的现实，如何将以家风为代表的传统美德实现创造性转化和发展，这是一个全新的挑战。我们从中国古代那些乡贤名仕的家风中也许能找到一些治疗当下不良社会风气的良药苦方。

目　录

第一章　礼乐传家久，诗书继世长

——孔子诗书礼乐家风

山东曲阜的衍圣公府，俗称孔府，原是孔子嫡系长子孙世代居住的府第，有“天下第一家”的美誉。与孔府相邻的是孔庙，庙前牌坊两边各有一门，一个写着“礼门”，一个写着“义路”。人们进入孔庙的行走路线是有讲究的，一般都要从“礼门”进，从“义路”出。“礼门义路”语出《孟子·万章下》，孟子说：“夫义，路也；礼，门也。惟君子能由是路，出入是门也。”意思是说，义好比是大路，礼好比是大门。君子要进礼门，行义路，也就是说君子为人处世必须遵循礼义。

（礼门）

孔子是中国古代的伟大思想家，一生大部分时间都在传道授业，教书育人。但据史书记载，孔子也曾出官入仕，治国安民。孔子做官的时间虽然不长，也算得上春秋时期有影响的官宦。春秋时期，礼乐崩坏，诸侯国政局很不稳定。鲁国季桓子经阳虎乱政后，有心求贤治国，当季桓子听说孔子博学且有贤德，在鲁国很有名望，便向鲁定公推荐孔子做中都宰（中都邑位于今山东省汶上县）。久有报国之心的孔子欣然应聘，应命出任中都宰。孔子任中都宰仅仅一年时间，便把中都治理得有条有理，民众居仁行义，明礼懂乐，中都成为远近闻名的文明礼义之乡。传说孔子在中都邑美丽的马踏湖边钓鱼，望着波涛浩淼的马踏湖水，有观水之叹："子在川上曰：'逝者如斯夫，不舍昼夜。'"《论语·述而》中说孔子"钓而不纲"，即孔子在这里钓鱼时教诲弟子们，不要用大绳子横断流水来捕鱼，不要把大鱼、小鱼全都捕完。据说当鲁定公把孔子调回鲁国都城曲阜时，孔子准备离开中都到曲阜上任，中都百姓夹道相送，东门外十里长巷，老百姓恋恋不舍，含泪与孔子道别。孔子说："望大家遵循礼义，长此下去中都必然万世安泰，我人虽去，脚印还留在这里。"孔子边说边脱下脚上穿的一只靴子，接着说："留下这只靴子，以示我永远立足中都。大家既然拥戴我，我走后请仍然按我倡导的规范行事吧。"后来人们在城东门楼上专门修建了一层楼阁，供放孔子的靴子，又叫"夫子履"。后来历朝历代清官离任脱靴、留靴的美举，就是对孔子的仰慕和追思。孔子治理中都有方，政绩卓著，因此声名远播，四方都来取经学习和效法。一年后，孔子升任为鲁国司空，不久又由司空升任大司寇，据说后来还兼了宰相的职务三个月。在孔子主政鲁国期间，原来的各种社会乱象不见了，鲁国礼乐文明昌盛，路不拾遗，夜不闭户，一派祥和景象。

一、诗礼传家

孔子一生教书育人，成绩斐然。据说孔子教授的学生有三千人，其中最得孔子思想真谛的贤者有七十二人，德行表现突出的有颜渊、闵子骞、冉伯牛、仲弓；擅长治国安邦的有冉有、季路；有语言才华，说话很得体的有宰我、子贡；博学多才的有子游、子夏。孔子对学生日夕教诲，留下了许多至理名言。孔子的这些谆谆诲语、圣人之言大都收集在《论语》中。我们翻开《论语》，满篇都是孔子关于教诲学生怎么样做一个君子的言论和论述。如《论语·学而》篇中说："君子务本，本立而道生。孝悌也者，其为仁之本与！"这里说的是孝道的重要性。孔子又说："弟子入则孝，出则悌，谨而信，泛爱众，而亲仁。行有余力，则以学文。"孔子强调的是做人要孝、悌、谨、信。可以说，《论语》是一本教人们学做君子的书，是一本教人做一个高尚的人的指南书。两千多年来，不仅儒家学者把孔子这些教诲作为自己的言行指南，孔子的儿孙们也把孔子这些话作为祖先遗训尊奉着。

作为教育家，孔子因材施教，精心化育，培养学生的事迹两千多年来一直为人们传颂。作为中国的圣人，孔子又是如何教育自己孩子的呢？《论语·季氏》中有这样一则记述：

> 陈亢问于伯鱼曰："子亦有异闻乎？"对曰："未也。尝独立，鲤趋而过庭。曰：'学《诗》乎？'对曰：'未也。''不学《诗》，无以言。'鲤退而学《诗》。他日，又独立，鲤趋而过庭。曰：'学《礼》乎？'对曰：'未也。''不学《礼》，无以立。'

鲤退而学《礼》。闻斯二者。”陈亢退而喜曰：“问一得三：闻《诗》，闻《礼》，又闻君子之远其子也。”

这则记述实际是讲了一个故事：有一天，孔子的学生陈亢问孔子的儿子孔鲤（孔鲤，字伯鱼）：“您得到过您父亲什么特别的教导吗？”孔鲤回答说：“没有。我在家什么事都得有规矩，父亲在庭院时，得快步走过，不敢有怠慢。一次，我父亲独自在庭院站着，我快步经过时被父亲叫住，父亲问我说：‘你学《诗》了吗？’我回答说：‘还没有。’父亲说：‘不学《诗》，就不会说话，即使说话，也可能说得不得体。’于是我便回去专心学《诗》。又一天，父亲独自一人立于庭中，我快步走过，又被叫住，父亲问道：‘你学《礼》了吗？’我问答说：‘没有。’父亲教训说：‘不学《礼》，就无法立身做人。’于是我便回去学《礼》。父亲对我的教导，就只有这么两次。”陈亢回去后高兴地说：“我问一件事知道了三件事，知道了学《诗》、学《礼》的重要，还知道了君子对其后代子孙严格要求的态度，孔子并不溺爱自己的儿子。”这就是历史上有名的“过庭之训”。后来“过庭之训”被人们用来指称一个人得到长辈、老师的教诲，或指一个人幼承家学，有谦谦君子风度。

孔子对儿子孔鲤庭训的核心内容有三个方面值得我们注意：其一，孔子教育学生和教育儿子是一视同仁的，他不仅重视对学生的教育，也重视对于自己子孙的教育，绝对不会对自己的子孙有所偏爱或溺爱。其二，孔子对儿子教育最重要的内容一是读《诗》，一是学《礼》，因为《诗》在春秋时期代表着学识和文化，《礼》反映出一个人行为举止是否得体，体现一个人的修养。人们可能会有疑问，为什么孔子如此强调学《诗》？周公创造的礼乐文明让社会各阶层的人们各安其位，各守其职，在一定程度上缓解了社会阶层冲突，人际关系和谐谦让，这种和谐人际关系一个重要表现就是形成了一种赋诗言志的社会风尚。清人劳孝舆在《春秋诗话》中说："春秋时期，从朝会聘享到事物细微，都引用《诗》来判断得失。上至公卿大夫，下至奴仆贱夫，所有的论说，都引用《诗》来畅发自己的目的。"网民们常常谈论这样一个历史故事：公元前636年，流亡多年的公子重耳（即后来的晋文公）打算回晋国即位当国君，他经过秦国时，受到秦穆公的接见，秦穆公先赋《采菽》表示对重耳的欢迎，重耳则赋《黍苗》表示希望获得秦国的支持。因为此前晋惠公曾经背信弃义，置秦国于困难境地，因此秦穆公对于是否支持重耳并没有做出明确的表示，只是引《诗经·小宛》"宛彼鸣鸠，翰飞戾天。我心忧伤，念昔先人"来表达对于晋国先君的怀念之情。重耳听懂了秦穆公的心思，于是赋《诗经·沔水》，吟该诗首句"沔彼流水，朝宗于海"，表示他自己如果能回到晋国，并顺利取得国君之位，一定不会忘记秦国的帮助。秦穆公也听懂了重耳的表态，得到重耳知恩图报的保证，便答应帮助重耳回国并夺取君位。这个历史故事说的是如果不学《诗》，秦穆公和重耳就不能明白对方所表达的意思，也无法准确表达自己想说的话，诗是这个时期人际交往的重要工具。孔子之所以重《礼》，是因为"不学《礼》，无以立"。一个人如果不学《礼》，就会在各种场合手足无措，不懂得如何待人接物，又怎能立身处世，在社会上立足呢。孔子说为学要"博文约礼"，又说学习要"兴于诗，立于礼，成于乐"，都是强调要以礼立身。其三，孔子要求儿子孔鲤知行合一，言行一致，既学《诗》，又实践《礼》的规范，做到读书与做人相结合，治学与修身相统一。如果用一句话概括孔子庭训之旨，那就是"诗礼传家"。

诗是用来“言”的，指的是言语表达，即要学会说话，说话合宜；礼是用来“行”的，指的是行为习惯，即要学会做人处世。学会说话，学会做人，这是孔子庭训给我们最大的启示。孔子对儿子孔鲤的庭训也被孔门子孙奉为祖训，谨记于心，笃行于身，经过孔氏子孙世代演绎，成为孔门最有特色的家风。

二、恪守祖训

公元前479年，73岁的孔子逝世，他对学生的教诲和对孔鲤的庭训被孔门子孙世代相承，并发扬光大。到了明代，孔氏族人遍布全国各地，大宗小宗，井然有序。但要想管理好这一庞大族群，实属不易。家族管理和家风传承的重任落在孔子第64代衍圣公孔尚贤肩上。孔尚贤是孔子的第64代孙，于明朝嘉靖年间袭封“衍圣公”，袭爵之时，他立志要“远不负祖训，上不负国恩，下不负所学”。为了恪守祖训，弘扬诗礼传家的孔门家风，约束孔门族人的言行，万历十一年（公元1583年），孔尚贤编订并颁布了具有纲领性质的孔门族规——《孔氏祖训箴规》（以下简称《箴规》）。该《箴规》开宗明义地告诫散居在全国各地的孔氏后人：“我祖宣圣，万世师表，德配天地，道冠古今。子孙蕃庶，难以悉举。故或执经而游学，或登科而筮仕，散处四方，所在不乏。各以祖训是式，今将先祖箴规昭告族人。”《箴规》共计十条，依据孔门庭训中诗礼传家的主旨，反复强调孔门子孙为人处世要“崇儒重道，好礼尚德”，要恪守孔门“父慈子孝，兄友弟恭，雍睦一堂，克己秉公，读书明理，勿嗜利忘义”的家规。

由于子孙蕃息，孔门子孙散居全国各地，这些孔氏族裔虽然山高水长，彼此阻隔，但他们文化血脉相连，孔门家风依旧。各地孔氏族人在修撰《孔氏家谱》时，根据《箴规》的精神，结合流寓之地及本支孔氏族人的具体情况自订家规，形成了以诗礼传家，忠孝仁义为内核的各种《孔氏家规》，要求子孙崇儒重道，好礼尚德，不要嗜利忘义。

孔氏子孙标榜“礼门义路家规矩”，恪守诗礼传家、忠孝仁义的祖训，形成了独具特色的礼乐家风。为了让这些家风能流传久远，孔氏子孙不仅通过《箴规》和《孔氏家规》的形式写在纸上，让子孙记诵，而且还将家风要义嵌入孔府的建筑中，时时提醒孔氏后人忠孝仁义，廉洁为官，报效国家，感恩圣哲。孔府建筑物的名称、绘画及匾额对联也深深地打上儒家忠孝廉洁思想的印记，烘托出孔氏族人严谨和乐的生活氛围。孔府中的“重光门”“戒贪图”“忠恕堂”“安怀堂”等就是这一思想的体现。

（山东曲阜孔府内宅中的彩绘壁画——《戒贪图》）

孔府内宅这幅《戒贪图》壁画绘于迎壁墙上，画的是一只狮头、鹿角、虎眼、麋身、龙鳞、牛尾，酷似麒麟而非麒麟的怪兽，周围飞扬着彩云和宝物。传说这只怪兽是天界里的神兽，独占着仙界中的八件宝物，即神话八仙每位仙人所拿的宝器。怪兽体形俊美，体格矫健，但生性贪婪，怪诞凶恶。它有口无肛，只进不出。怪兽对自己拥有的财富不满足，又张开血盆大口，紧追太阳，企图把太阳一口吞进肚内，据为己有。当它追逐太阳的时候，不慎坠入大海，葬身鱼腹。《戒贪图》形象诠释的是贪得无厌、自取灭亡的文化内涵。过去每当衍圣公外出，从前堂出来路过屏门壁画时，跟班的差人必须大声喊道："公爷过贪了。"从字面上讲是出于礼仪向外通报衍圣公要出门了，而其真正的目的则是提醒衍圣公出了孔府后，切不可被外面的世界所诱惑，做出贪赃枉法的事情，一定要秉持厚道的家风和清廉的形象。孔氏家族除以文字形式约定的家规外，孔府还以《戒贪图》这种特殊的方式不断警醒、激励着后人，它是利用图案对于视觉上的冲击，借以警示来者，可谓是用心良苦。

孔府中这幅《戒贪图》壁画绘于何时，学界还是有些争论，一般认为可能与孔子第 61 代孙孔弘绪被夺爵废庶有关。孔子的 61 代孙孔弘绪 8 岁时就袭封为"衍圣公"。明景泰八年(公元 1457 年)，明代宗复辟后在皇宫召见孔弘绪。明代宗见孔弘绪还梳着发髻，便命宫人把孔弘绪的头发剃掉，作为成年之礼，意为孔弘绪已经成为国之栋梁，应担当起社会责任。同时，代宗又赐给孔弘绪玉带及"谨礼崇德"金图书印。孔弘绪成人后，娶大学士李贤之女为妻。后来，优越的生活、膨胀的权势让孔弘绪渐渐失去了自律，忘记了"修身谨行"的谦卑。据史书记载，1466 年 3 月，衍圣公孔弘绪因为奸淫民女四十余人，勒杀无辜四人被查获，依明朝法律应该处死，因为他是孔子的后裔，虽然免除了死刑，却被削夺了衍圣公爵，废为庶民。做了十五年衍圣公的孔弘绪因为自己的行为失范，一夜之间被夺爵，成为一介平民。《戒贪图》大致绘于孔弘绪“夺爵废庶”事件之后，其用意非常明显，那就是借助他的丑陋行径，警示后世子孙，一定要严格自律，切勿贪腐为恶。

在曲阜孔庙孔宅的一口水井旁，有一面红墙琉瓦的古墙，高约 3 米，长约 15 米，如同古代的照壁。其前立有一碑，上镌刻隶书“鲁壁”二字，鲁壁的“壁”字由上下结构写成了左右结构，而且“壁”的“土”中还多了一点。据说这个多了一点的“土”字大有玄机。在雄伟壮观、鳞次栉比的孔庙古建筑群里，这面古墙既不宏伟，也不高大，但在儒家文化的发展史上，却具有至高无上的荣耀地位，一直被后世学者誉为儒家文化挡风墙。

（鲁壁）

相传秦始皇统一天下之后，为了巩固其政权，便采纳丞相李斯的建议，下令焚烧《秦记》以外的各诸侯列国的史记，对不属于博士官所藏《诗》《书》等亦限期交出烧毁，如果有人敢读《诗》《书》，一律处死。如果有人信口乱说，以古非今，一律灭族。第二年，秦始皇又将数百名方士和儒生活埋在咸阳，这就是历史上有名的“焚书坑儒”。孔子的第8代孙孔鲋听到秦始皇焚书坑儒的消息后，连夜和弟子们一起，把家中祖传的《论语》《孝经》《尚书》等儒家经典偷偷地藏在墙壁夹层之中。然后带领他的弟子逃离家乡，去河南嵩山隐居。不久，陈胜、吴广在今安徽大泽乡发动起义，反抗秦朝的暴政。孔鲋在朋友的帮助下，毅然投身起义军，加入反秦队伍。由于孔鲋博学多才，满腹经纶，足智多谋，又有政治远见，很受陈胜等人的器重。孔鲋在起义军中长达六年之久，积劳成疾，不久病逝，孔府故宅的藏书便成了无人知道的秘密。到了汉景帝时，鲁恭王刘余为了扩建宫室苑囿，便将孔子的故宅拆毁。当工匠们在拆除这堵断墙时，忽然听到墙中发出丝竹音乐之声。工匠们都以为墙中有鬼，吓得魂不附体，赶忙去禀报鲁恭王。鲁恭王连忙来到断墙前顶礼膜拜，祈求神灵保佑。然后他又派了几个胆大的工匠打开墙壁，结果发现断墙内堆满了竹简。这些竹简都用绳子或皮革条串联在一起，遇有撞击与震动时，便发出铿锵之声，宛若丝竹之声，不绝于耳。鲁恭王一看这些竹简，全是用秦朝以前的古文字写成，细阅之后发现是孔子的《论语》《孝经》《尚书》等经书，连忙命人取出，加以保护，使这些经书得以重见天日，并传诸后世。后人将这批简册称为“古文经书”。到了金代，人们为了纪念孔鲋藏书，在孔庙里孔子故宅内修建了“金丝堂”，明弘治十三年(公元1500年)重修孔庙时，又将“金丝堂”迁往孔庙西路，而在原址上建起了“诗礼堂”，后来又在诗礼堂后面的水井旁增建了鲁壁。后人在镌刻“鲁壁”的“壁”字时，特意在“土”旁加上了一点，以显墙壁藏书的寓意。

大家都知道孔融让梨的故事，但孔融“一门争死”的故事更为感人。孔褒是孔子第19代孙，孔宙的儿子，孔融的兄长，是个有气节的儒生。当时东汉朝廷内宦官专权，许多人对把持朝政的宦官很不满。山阳人张俭曾多次向皇帝上书，历数宦官侯览的罪行，并要求把侯览绳之以法。侯览对张俭恨之入骨，便以张俭是朝廷明令捉拿的要犯为由，在全国各地通缉捉拿。孔融的哥哥孔褒是张俭的好朋友，张俭无处躲藏便去投奔他。恰好那天孔褒不在家，孔融当时只有16岁。张俭因孔融年少，没有把实情告诉他。孔融见张俭神色慌张，就对他说：“我哥哥出门在外，难道我就不能做主吗?”于是便把张俭留在家里歇息。孔褒回家后，对好友热情接待，张俭便在孔家住了下来。后来张俭藏到孔褒家里的消息还是被传了出去，侯览便派人到孔褒家中抓人，张俭幸运地在官兵来到之前逃走了。侯览便把孔褒、孔融一起抓进监狱，声称要严厉惩处藏匿张俭的人。这时孔融说：“张俭是我留下的，与我哥哥没有关系，要处罚就处罚我。”孔褒赶上前去说：“张俭是我的朋友，他到我家来是找我的，与小弟弟无关，要处罚就处罚我。”面对兄弟二人争相揽罪担责，审理的官员束手无策，便派人去问他们的母亲，了解谁是主犯，应将谁正法杀头。孔融的母亲一腔义愤，为了正义，自己也将生死置之度外，果断地说：“如果说是犯法的话，我是当家人，还是拿我治罪吧!”孔融一家三口为了正义主动揽责，争相赴死，郡县的官吏谁也不敢擅做决定，只好把情况上报侯览。阴狠毒辣的侯览把孔褒杀害了。孔褒虽死于无辜，但他舍生取义的行为却为后世称道，有人曾写诗赞颂说：“张俭亡命谁投止，鲁国孔褒堪依恃。事觉捕俭褒亦收，一门老幼力争死。”

在孔府大堂与二堂之间有通廊相连，通廊两侧各有红漆长凳，称“阁老凳”。传说明代的权臣、内阁首辅严嵩与三代衍圣公交情都很深厚，62 代衍圣公孔闻韶与严嵩年龄相仿，平时就有文字交往，他的“墓志铭”就是严嵩撰写的。63 代衍圣公孔贞干的袭爵手续是严嵩主持办理的，64 代衍圣公孔尚贤是严嵩的孙女婿，孔、严两家可谓世交和姻亲。据史书记载，明朝嘉靖年间，63 代衍圣公孔贞干之子孔尚贤欲娶严嵩的孙女为妻，孔贞干的弟弟孔贞宁认为严嵩父子专权乱政，祸国殃民，声名狼藉，与之联姻有损孔氏圣门清誉。孔贞宁虽然据理力争反对，但孔尚贤还是坚持聘娶了严嵩的孙女。一怒之下的孔贞宁愤然举家徙居汶上。从此，孔氏家族的嫡支便在汶上落地生根，成为孔氏嫡支中比曲阜孔氏人口还多的大宗。后来严嵩因为贪腐被朝廷革职查办，于是便带着重礼跑到孙女家，请衍圣公孔尚贤到皇帝那里替他说情。当他来到孔府二堂时，孔府负责接待的人对他很冷淡，不许他入室，而是让他坐在过廊的长板凳上等候，落魄的严嵩只好忍气吞声地坐在过廊上静候，后人就把严嵩坐过的那条“冷板凳”叫做“阁老凳”。

孔令贻是孔子第 76 代嫡系子孙，清光绪三年(公元 1877 年)，年仅 5 岁的孔令贻依例袭封“衍圣公”。光绪十四年(公元 1888 年)六月，16 岁的孔令贻随母亲、一品诰命夫人彭氏遵旨进京入觐。因彭氏的父亲做过军机大臣，是慈禧太后的心腹，所以慈禧对彭氏宠爱有加。她见孔令贻一表人才，竟亲自为他说媒。女方是军机大臣、兵部尚书孙毓汶的女儿孙氏，比孔令贻大一岁。慈禧亲自为媒指婚，这令孔令贻受宠若惊。这桩婚事既迎合了慈禧太后的心意，又攀上了朝廷重臣，于是孔令贻很快就在北京孔府举行了婚礼。1894年中日甲午战争爆发，清政府战败，北洋舰队全军覆灭，日本政府强迫清政府签订《马关条约》，割地赔款。面对这份丧权辱国的不平等条约，光绪皇帝坚决不肯签字。这时候，孙毓汶受慈禧太后的指使，与恭亲王奕䜣、庆亲王奕劻一起，逼迫皇帝签约。《马关条约》签订后，朝野上下对孙毓汶一片骂声，致使孙毓汶再也无法在北京待下去，便辞去了官职告老还乡。孙毓汶逼迫皇帝签约，虽说是替慈禧太后受过，但他已无颜面再回济宁老家，便到曲阜投奔女儿。可是，孔令贻不再顾及礼法，竟将老岳父拒之门外，不让其进屋。孙毓汶只好在曲阜县城买了住宅，暂时住下。女婿不让进门，女儿能够回来看看也是一种安慰。可孔令贻不允许孔府家人再与孙家有往来，这样，女儿也难见上老父亲一面。1899年，孙毓汶抑郁而终。

三、孔颜之乐

孔子一生做官的时间不长，更多的时间是在教书，和学生们在一起。据说孔子有弟子三千，这当中有两个人和老师最为相像。一个是外貌像孔子的有若，孔子死后，学生们怀念老师，子夏、子张、子游等人推荐有若代替老师，日日朝拜，借以弥补心里的失落感，曾参等弟子却不同意，因为有若的能力确实不足以服众；另一个是颜回，他比孔子小30岁，堪称孔子一生最得意的学生，最得孔子思想真传，孔子在很多场合都对颜回赞美有加。孔子的学生们都在用自己的言行实践老师的教诲，谨守孔门家风。

"孔颜之乐"是中国传统文化中的一个重要命题。虽然"孔颜之乐”典出《论语》,汉、唐时期一些儒家学者对此有所关注和讨论,但并没有引起人们足够重视。宋代学者周敦颐十分钦慕孔子及其弟子颜回的道德修养和高尚的人生境界,常常教导自己的学生程颐、程颢去细心体悟“孔颜之乐”乐在何处,所乐何事,“孔颜之乐”作为一个文化命题正式被提了出来。从此以后,“孔颜之乐”成为儒家学者做学问的根本和做人的最高追求。

(孔颜乐处篆刻)

什么是“孔颜之乐”?若从字面理解就是孔子和颜回的快乐。但是,在周敦颐等儒家学者眼中,“孔颜之乐”不是简单的感官愉悦,也不是无欲无求的自得自适,而是一种崇高的人生境界,是一种有品味的道德追求和理想人格的完善。

孔子之乐是求道之乐。《论语·述而》篇中记载孔子的一段自述,孔子说:“饭疏食饮水,曲肱而枕之,乐亦在其中矣。不义而富且贵,于我如浮云。”孔子虽然不反对富且贵,但富和贵必须符合道义。

如果是不符合道义的富和贵，孔子视若浮云，宁可“饭疏食饮水，曲肱而枕之”，自得其乐，这就是被宋明儒家学者津津乐道的孔子之“乐”。

颜回之乐是清虚自守之乐。在众多学生中，颜回是孔子最得意的门生，他对孔子以“仁”为核心的思想有深入的理解，并且能够将“仁”贯穿于自己的行动与言论之中，所以，孔子赞扬颜回“三月不违仁”。《论语·雍也》篇中记述了一则孔子对颜回的称赞，孔子说：“贤哉，回也！一箪食，一瓢饮，在陋巷，人不堪其忧，回也不改其乐。”孔子的意思是说，颜回的品质是多么高尚啊，一箪食，一瓢水，一日三餐粗茶淡饭，住在简陋的小屋里，别人都忍受不了这种穷困清苦的生活和环境，颜回却没有改变他人生的快乐。颜回身处陋巷之中仍然不改其乐并受到老师的赞许，这就是千百年来为世人称道的颜回之“乐”。

从表面看，孔子之“乐”和颜回之“乐”容易让人产生一种错觉，“孔颜之乐”是一种清贫之乐。按照常理来说，“不堪其忧”的陋巷，“曲肱而枕”的卧睡本身是没有可乐之处，生活的清贫不可能成为人的快乐之源。但是，孔子为什么认为“曲肱而枕”乐在其中呢？颜回在“人不堪其忧”的简陋环境下为什么能够做到“不改其乐”呢？由于孔子和颜回都没有明确表示他们所“乐”之事，所“乐”之因，所“乐”之方，宋代以来的学者们纷纷根据自己的体悟，对孔颜之“乐”的内涵各抒己见，议论不休。周敦颐说孔颜之乐是乐在“诚”中，程颐体悟到孔颜之乐是“仁”者之乐，朱熹则认为孔子和颜回能够甘于贫贱，是因为他们能够循理乐道，王阳明说孔子和颜回安然处泰，是因为他们的“乐”早就存于心中。无论学者们从孔子和颜回之乐中体悟到什么，“孔颜之乐”已成为儒家学者心中最崇高的人生境界。

附录一：资料摘编

【1】子曰：“弟子入则孝，出则悌，谨而信，泛爱众，而亲仁。行有余力，则以学文。”

——《论语·学而》

【译文】孔子说：学生在家要孝顺父母，出门在外要尊敬兄长，行为谨慎而有诚信，爱众人，亲近仁德者。这些都做到之后还有余力的话，就去学习文化知识。

【2】子曰：“学而不思则罔，思而不学则殆。”

——《论语·为政》

【译文】孔子说：只学习不思考就会陷入迷茫，只是思考却不知道学习就会知识贫乏，使自己处于危险中。

【3】子曰：“好仁不好学，其蔽也愚；好知不好学，其蔽也荡；好信不好学，其蔽也贼；好直不好学，其蔽也绞；好勇不好学，其蔽也乱；好刚不好学，其蔽也狂。”

——《论语·阳货》

【译文】孔子说：如果只爱好仁德而不好学，其弊病是愚笨；如果只爱好机智而不好学，其弊病是三心二意；如果只爱讲诚信而不好学，其弊病是是非不分；如果只爱好直率而不好学，其弊病是说话尖刻；如果只好勇而不好学，其弊病是鲁莽；如果只爱好刚强而不好学，其弊病是狂妄自大。

【4】子曰：“不得中行而与之，必也狂狷乎！狂者进取，狷者有所

不为也。”

——《论语·子路》

【译文】孔子说：不能找到奉行中庸之道的人交往，那么我只能与狂者、狷者交往了。狂者敢作敢为，狷者不该做的事不做。

【5】子曰：“益者三友，损者三友。友直，友谅，友多闻，益矣。友便辟，友善柔，友便佞，损矣。”

——《论语·季氏》

【译文】孔子说：有益的朋友有三种，有害的朋友有三种。结交正直的朋友，诚信的朋友，知识广博的朋友，是有益的。结交谄媚逢迎的人，结交表面奉承而背后诽谤人的人，结交善于花言巧语的人，是有害的。

【6】子曰：“君子不重则不威，学则不固。主忠信。无友不如己者，过则勿惮改。”

——《论语·学而》

【译文】孔子说：君子不庄重，就不会有威严，学业就不会扎实。要把忠诚和信实作为待人处事的原则，不跟不如自己的人做朋友，犯错要不怕改正。

【7】子曰：“邦有道，危言危行；邦无道，危行言孙。”

——《论语·宪问》

【译文】孔子说：国家政治清明的时候，做人做事都要正直；国家陷入混乱的时候，仍要做正直的人，但说话需谨慎。

【8】子张学干禄。子曰：“多闻阙疑，慎言其余，则寡尤；多见阙殆，慎行其余，则寡悔。言寡尤，行寡悔，禄在其中矣。”

——《论语·为政》

【译文】孔子说：子张求教谋求出仕从政的方法。孔子说："多听，保留有疑问的部分而不要轻易议论，谨慎地表达自己确信有把握的部分，就可以减少错误，减少失言的错误；多看，保留有疑惑的部分而不要轻易行动，谨慎地实行自己确信有把握的部分，就可以尽量避免轻举妄动导致失败的懊悔；言论少过失，行为少后悔，谋求食禄的方法就在这里了。"

【9】子曰："可与言而不与之言，失人；不可与言而与之言，失言。知者不失人，亦不失言。"

——《论语·卫灵公》

【译文】孔子说：可以交谈却不交谈，就会失去朋友；不应多说却多说，就会失言。智者不会失去志同道合的朋友，也不会失言。

【10】子曰："侍于君子有三愆：言未及之而言谓之躁，言及之而不言谓之隐，未见颜色而言谓之瞽。"

——《论语·季氏》

【译文】孔子说：侍奉君子容易犯三种错误：没到他发言的时候他却说了，叫做急躁；轮到他说却又不说，叫隐瞒；未曾察言观色就开口，叫做没眼力。讲话时，要看准时机，言谈要掌握分寸。

【11】子路曰："卫君待子而为政，子将奚先?"子曰："必也正名乎!"子路曰："有是哉? 子之迂也! 奚其正?"子曰："野哉，由也! 君子于其所不知，盖阙如也。名不正，则言不顺；言不顺，则事不成；事不成，则礼乐不兴；礼乐不兴，则刑罚不中；刑罚不中，则民无所措手足。故君子名之必可言也，言之必可行也。君子于其言，无所苟而已矣!"

——《论语·子路》

【译文】子路说："卫君等待老师去治理国政，老师打算先从哪儿入手呢？"孔子说："必须先正名分！"子路说："有这个必要吗？老师绕得太远了！辨正它们干什么呢？"孔子说："你真鲁莽啊！君子对于自己所不知道的，就不发表意见。名不正，说话就不顺当；说话不顺当，事情就做不成；事情做不成，礼乐就得不到实施；礼乐得不到实施，刑罚就不会得当；刑罚不得当，民众就无所适从。因此，君子正名的东西必定有理由可说，说了就必定能施行。君子对于自己的说话，是一点都不能马虎的。"

【12】陈亢问于伯鱼曰："子亦有异闻乎？"对曰："未也。尝独立，鲤趋而过庭。曰：'学《诗》乎？'对曰：'未也。''不学《诗》，无以言。'鲤退而学《诗》。他日，又独立，鲤趋而过庭。曰：'学《礼》乎？'对曰：'未也。''不学《礼》，无以立。'鲤退而学礼。闻斯二者。"陈亢退而喜曰："问一得三，闻《诗》，闻《礼》，又闻君子之远其子也。"

——《论语·季氏》

【译文】陈亢问伯鱼说："您也曾听过特别的教诲吗？"回答说："没有。父亲曾独自站在那里，我快步走过庭院，父亲问：'学《诗》了吗？'我回答说：'没有。''不学《诗》，就不能言谈得当。'我退下来就学《诗》。另一天父亲又独自站着，我快步地走过庭院，父亲说：'学《礼》了吗？'回答说：'没有。'父亲说：'不学《礼》，就没有立身的根本。'我就退下学习《礼》。我就只听到过这两件（特别的事）。"陈亢退下来高兴地说："问了一件事知道了三件事，得知了《诗》，得知了《礼》，又得知君子不偏爱自己的孩子。"

附录二:后人评说

【1】伯夷,圣之清者也;伊尹,圣之任者也;柳下惠,圣之和者也;孔子,圣之时者也。孔子之谓集大成。集大成也者,金声而玉振之也。金声也者,始条理也。玉振之也者,终条理也。始条理者,智之事也;终条理者,圣之事也。智,譬则巧也;圣,譬则力也。由射于百步之外也,其至,尔力也;其中,非尔力也。

——孟子《孟子·万章下》

【译文】伯夷是圣人之中清高的人,伊尹是圣人之中负责任的人,柳下惠是圣人之中随和的人,孔子则是圣人之中识时务的人。孔子,可以称他为集大成者。"集大成"的意思,如奏乐一样有始有终,先敲镈(bó)钟,最后用特磬收束。先敲镈钟,是节奏条理的开始;用特磬收束,是节奏条理的终结。条理的开始在于智,条理的终结在于圣。智好比技巧,圣好比气力。犹如在百步以外射箭,射到,是靠你的力量;射中,却靠的是技巧而不是你的力量。

【2】太史公曰:《诗》有之:"高山仰止,景行行止。"虽不能至,然心向往之。余读孔氏书,想见其为人。适鲁,观仲尼庙堂车服礼器,诸生以时习礼其家,余祗回留之不能去云。天下君王至于贤人众矣,当时则荣,没则已焉。孔子布衣,传十余世,学者宗之。自天子王侯,中国言六艺者折中于夫子,可谓至圣矣!

——司马迁《史记·孔子世家》

【译文】太史公说:《诗经》有这样的话:"巍峨的高山令人仰望,宽阔的大路让人行走。"尽管我不能回到孔子的时代,然而内心非常向往。我阅读孔子的书籍，心里总想象着他的为人。我曾经到过鲁国，观看孔子的宗庙里陈列的那些车辆服装、礼乐器物，那里的儒生都按时到孔子故居去演习礼仪，我流连忘返以至留在那里舍不得离去。自古以来出色的君主贤人也很多，生前都荣耀一时，死后也就默默无闻了。孔子是一个平民，传世十几代，学者至今非常尊崇他。上起天子王侯，中原凡是研习六经的都要以孔子的言论作为标准来判断是非，孔子真可以说是至高无上的圣人了！

【3】天不生仲尼，万古长如夜。

——朱熹《朱子语类·卷九十三》

【译文】上天假若不生孔子，那人类千古以来就如同生活在黑暗中。

附录三：网上知识链接

【衍圣公】衍圣公为孔子嫡长子孙的世袭封号，始于1055年（宋至和二年），历经宋、金、元、明、清、民国，直至1935年国民政府改封衍圣公孔德成为大成至圣先师奉祀官为止。册封孔子后裔始于公元前195年（汉高祖十二年），汉高祖封孔子第9代孙孔腾为奉祀君，自此孔子嫡系长孙便有了世袭的爵位。之后的千年时间里，封号屡经变化，直至1055年改封为衍圣公，曾一度改为奉圣公，后又改回衍圣公，后世从此一直沿袭封号。1935年（民国二十四年），民国政府取消衍圣公称号，改封为大成至圣先师奉祀官。孔子第77代嫡长孙，袭封31代衍圣公孔德成，成为末代衍圣公，首任大成至圣先师奉祀官。衍圣公明清时期为正一品官阶，位列文臣之首，享有较大的特权，其居住的衍圣公府（今孔府），是全国仅次于明清皇宫的最大府第。曲阜孔氏家族受历代帝王追封赐礼，谱系井然，世受封爵。衍圣公因得益于先祖孔子荣耀，成为中国历史上经久不衰、世代腾黄、地位显赫的特殊公爵，与朝廷互相依偎，成就孔府的天下第一家，在中国乃至世界上也是叹为观止。

【曲阜三孔】山东曲阜的孔府、孔庙、孔林，统称曲阜“三孔”，是中国历代纪念孔子、推崇儒学的表征，以丰厚的文化积淀、悠久历史、宏大规模、丰富文物珍藏，以及科学艺术价值而著称。山东曲阜是孔子的故乡，孔夫子生前在此开坛授学，首创儒家文化，为此后2 000多年的中国历史深深地打上了儒学烙印。以孔子为代表的儒家文化，按照自己的理想塑造了整个中国的思想、政治和社会体系，成为整个中国文化的基石。1994 年，孔庙、孔林、孔府被联合国列入《世界遗产名录》。孔庙于公元前 478 年始建，后不断扩建，至今成为一处占地 14 公顷的古建筑群，包括三殿、一阁、一坛、三祠、两庑、两堂、两斋、十七亭与五十四门坊，气势宏伟、巨碑林立，堪称宫殿之城。孔府，建于宋代，是孔子嫡系子孙居住之地，西与孔庙毗邻，占地约 16 公顷，共有九进院落，有厅、堂、楼、轩 463 间，旧称“衍圣公府”。孔林，亦称“至圣林”，是孔子及其家族的专用墓地，也是世界上延续时间最长的家族墓地，林墙周长 7 千米，内有古树 2 万多株，是一处古老的人造园林。

【衢州孔庙】衢州孔庙为南宋建炎初孔子第 47 世孙袭封衍圣公孔端友率族人随高宗赵构南渡后所诏建。宋宝祐元年（公元 1253 年）始建，明正德十五年（公元 1520 年）迁于现址，历代多次修葺。1998 年经过全面修缮，作为衢州市历史博物馆舍对外开放。主体建筑有头门、大成门、大成殿、东西两庑、思鲁阁、圣泽楼等。

第二章　责任重于泰山

——司马谈《命子迁》及其重责任家风

春秋时期，齐国有两位大臣晏婴和穰苴，分别担任齐国的相国和大司马要职，主持政务和军务。有一天，齐景公在宫中和姬妾们饮酒作乐，到了晚上，齐景公忽然感觉少了些喝酒的气氛，很是无聊，于是便吩咐侍从拿着酒具，要到晏婴家去喝酒。晏婴接到通报，马上穿上朝服，手拿笏牌站在门外，等候齐景公的到来。齐景公还未下车，晏婴就迎上去，问道："是不是有哪个诸侯国发生了重大的变故？或者是国家发生了重大灾祸？"齐景公说："什么事都没发生，太平得很呢。"晏婴有些不解，疑惑地问："既然什么事都没有，您为何深夜还要来我家？"齐景公假惺惺地说："你政务繁忙，没有时间休息。恰好我这里有些好酒，特地来和你一起分享。"晏婴一听，知道齐景公一个人无聊，想让自己陪他喝酒。晏婴很不高兴地对齐景公说："治国理政是我的责任，但陪您喝酒却不是我的事，如果要喝酒让您左右的人陪就是了，不要来找我。"齐景公讨了个没趣，又想起了穰苴，吩咐左右随从调转车头，驾车到穰苴家去。不料刚到穰苴家大门口，穰苴这位大司马已穿盔戴甲，手执长矛站在门口等候。穰苴问齐景公："是不是有其他诸侯国入侵齐国了？是不是齐国国内有人造反背叛了？"当齐景公说只是想让穰苴陪他喝几杯时，穰苴用很严厉的口气说："抵抗敌人入侵、平定国内乱臣贼子的叛乱是我应该做的，至于陪您喝酒就不是我的事，您去找其他人吧。"齐景公又碰了一鼻子灰。各国诸侯听说这件事后，都不敢轻易与齐国为敌，因为他们知道齐国有两个忠于职守的"擎天柱"。晏婴和穰苴忠于职守，勇于承担自己为国家应尽之责，正如西塞罗所说："我们不是为自己而生，我们的国家赋予我们应尽的责任。"作为一个品格良好的人，应当承担很多的责任。西汉武帝时的太史令司马迁秉承父命，为完成父亲的嘱托和未竟之业，含羞忍辱，终于写成了被誉为“史家之绝唱，无韵之离骚”的《史记》，名垂青史。

(《史记》书影)

一、司马谈的遗憾

司马谈是司马迁的父亲，很有学问，尤其是对道家思想很有研究。大约在汉武帝建元元年(公元前 140 年)左右，通过举贤良方正步入仕途，担任太史丞，负责管理皇家图书，并兼做汉武帝的顾问。后约在汉武帝元封年间(公元前 110 年—公元前 105 年)，升为太史令。太史令是个什么官呢？据史书记载，我国从夏朝开始就有这个官职，西周以后，太史令的官位越来越高，所管的事也越来越重要，主要负责起草朝廷的文书，还要记载史事，编写史书，兼管国家典籍图书，编订天文历法，筹办和主持君王的祭祀大典等，可见太史令是朝廷中很重要的大臣。

司马谈的祖先可以追溯到远古唐虞之世的重黎氏，负责仰观天象、俯察地理、编订历法，是所在时代很重要的文官。西周建立后，司马谈的祖先世典周史，也就是说，司马谈的祖先除了备天子顾问以外，还专门负责为西周王朝编写史书，是一个职位可以世袭，而且在朝廷很有地位的史官。到东周的周惠王、周襄王时期，司马谈的祖先在朝廷中掌管机要，并作为国君的顾问，为军国大事提供谋划和建议，是国家权力中的核心人物之一，但也很容易卷入政治斗争的旋涡。

春秋时期，周襄王娶了一个漂亮的王后隗氏，隗氏不仅长得漂亮，而且还很有风情，居然和周襄王的弟弟叔带私通，叔嫂通奸，乱伦背理。周襄王得知实情后，很生气，废黜了隗氏王后的身份。令周襄王没想到的是，废黜隗氏，引来了一场内乱。叔带为了长久和隗氏厮守在一起，便联合边疆地区少数民族狄人一起举兵造反，攻入了东周的国都洛邑（今河南洛阳），周襄王被迫弃城逃往郑国的氾（今河南襄城县），叔带重新拥有了隗氏，两个人明目张胆地同居在一起。这次王室内乱，让司马谈的祖先再也没有办法跟随在周襄王身边，便离开了周襄王，来到晋国，这也是司马迁说的，他的祖先“去周适晋”。司马谈的祖先这一走，居然离开了史官职位四百多年。司马迁的高祖司马昌在秦国时任铁官，管理全国的冶铁和制铁，权力很大。曾祖司马无泽在西汉初年曾担任长安市长，管理长安九市的经济，征调全国物资，保证京师的物资供应，是当时的经济学权威。司马迁的祖父司马喜做过五大夫，五大夫在汉朝属于高等爵位，其具体官职史书记述不详。

司马迁的父亲司马谈任汉武帝的太史令以后，立志要重振家学，勤奋学习，分别向唐都学习天文历法，向杨何学习《易经》，向黄生学习《老子》和《庄子》。西汉初年，许多人推崇道家的思想，儒家这时也形成了气候，学者人数众多，于是儒家学者和道家学者为了各自的利益明争暗斗。汉景帝的母亲窦太后很喜欢道家学说，是个虔诚的道家思想的崇奉者。当时《诗经》研究专家辕固生站在儒家立场上颂扬商汤和周武王，令窦太后很生气。有一天，窦太后当面质问辕固生说："你认为《老子》是一本什么样的书呢?"言下之意，就是要辕固生说说道家的老子和儒家五经相比较哪一个地位高些。窦太后万万没有想到辕固生这样说："《老子》这本书只配奴仆们去读"，对道家祖宗老子及其著作极尽蔑视和讽刺。窦太后十分恼火，愤怒地说："儒家的《诗经》只配囚徒们去读"，并命人把辕固生关到皇家园林的野猪园中，要他和野猪比武，其实就是想借野猪的獠牙置辕固生于死地。母命不可违，汉景帝也束手无策，只好连忙赐给辕固生一把锋利的宝剑，辕固生在和野猪的搏斗中用剑刺死了野猪，虽然保住了性命，但丢掉了乌纱帽。

由于条件所限，古人认为我国最高的山是泰山，泰山也被誉为"天下第一山"。因此，在中国古代，人们认为人间的帝王都应该到最高的泰山去祭祀天地，才算受命于天。人间帝王在泰山之巅筑土为坛祭天，报天之功，称封泰山；在泰山下梁父山上辟场祭地，报地之功，称禅梁父，合称"封泰山，禅梁父"，这是古代帝王最高等级的祭祀大典，而且只有改朝换代、江山易主，或者天下太平、盛世祥和才可以去泰山封禅天地。虽然史书中记述汉代以前有神农氏、炎

（东岳泰山）

帝、黄帝、颛顼、帝喾、尧、舜、禹、汤、周成王等七十二个帝王曾经去泰山封禅，其具体情况不得而知，但史书对于秦始皇和汉武帝泰山封禅的记述还是较为详尽的。

汉武帝即位后，立即着手效法秦始皇登泰山，举行封禅大典。司马谈作为太史令，具体负责筹办泰山封禅大典应该是其份内之事。司马谈和祠官宽舒一起，从元鼎四年（公元前 113 年）至元封元年（公元前 110 年），历时四年，制订出了详细的泰山封禅大典的日程安排、祭祀礼仪和封禅大典的祭祀内容，一切事宜准备就绪，就等汉武帝下令登泰山了。

公元前 110 年春天，万物复苏，汉武帝率领浩浩荡荡的祭祀队伍从长安出发，出潼关，一路向东，开始了泰山封禅之行。汉武帝途经中岳嵩山时，风过树梢，呼呼作响。有人向汉武帝报告说，嵩山松涛声中隐约可以听到三呼万岁的声音。汉武帝十分高兴，以为这是天命所归，命令从今以后樵夫不得采伐嵩山一草一木，并令世居嵩山下的三百户居民设立祭祠，负责看守嵩山，每年的节令日祭祀嵩山山神。

汉武帝泰山封禅，这是国家大典，十分隆重，大臣们都以能陪同汉武帝登上泰山，观礼封禅大典为荣耀。司马谈作为太史令，理应陪同汉武帝举行封禅大典。而且，司马谈是泰山封禅大典礼仪的策划者和制订者，是封禅大典的核心参与人，更应该陪同汉武帝登泰山，主持封禅大典。遗憾的是，汉武帝东巡泰山举行封禅大典时，却丢下了司马谈，司马谈只能眼睁睁望着泰山封禅的队伍逐渐远去。

本应陪同汉武帝登泰山的司马谈为何被汉武帝留下了，史书记述很是模糊。其子司马迁只是笼统地说了一句，汉武帝东巡封禅时，其父司马谈滞留周南(今河南洛阳)，没有能够随汉武帝封泰山，禅梁父。至于是什么原因让司马谈滞留周南，没有随行，司马迁没有说。因此，有人推测说可能是司马谈走到洛阳时生病了，无法继续前行。也有人说，可能是汉武帝被一些装神弄鬼的方士们忽悠了，改变了原有的封禅礼仪计划，改由方士公孙卿主持封禅大典。不管是什么原因，司马谈没能随同汉武帝登泰山，主持或参与泰山封禅。

二、司马谈《命子迁》

司马迁的父亲司马谈作为史官，本应去泰山参加封禅，但是他却因故留在洛阳。司马谈将参加封禅大典视为他政治生命中的一件大事，但他最终被汉武帝抛弃，孤零零地留在洛阳，不能东行随汉武帝参加封禅大典，这令他异常遗憾和失望，最终忧愤成疾，卧床不起。

恰好这时司马迁游历归来，来到洛阳，父子相见，原来和蔼可亲、精神矍铄的父亲已经病入膏肓、完全脱相了，这让司马迁十分心痛。司马谈无法忍受被汉武帝抛下不能参加泰山封禅的耻辱，郁结于心的悲愤难以化解，卧病在床，自知时日无多，恰好儿子司马迁来到身边。有一天，司马谈把司马迁叫到病床边，拉着儿子的手，流着泪，对司马迁说："我们的先祖是周朝的太史，在上古虞夏之世，我们的家族便显扬功名，职掌天文之事。虽然后世家族有些衰落，但司马家族诗书传家，血脉不断，难道司马家族会断绝在我手里吗？我想不会，只要你继续做朝廷的太史，就会接续我们祖先的修史事业了。现在当朝天子（即汉武帝）继承汉朝千年一统的大业，风调雨顺，国泰民安，在泰山举行封禅典礼，而我却不能随行，这是命啊，是命啊！我知道我在世时日无多，我死之后，你要做太史，不要忘记我想要撰写的历史著作啊。再说，孝道可分成三个阶段，幼年时期便是承欢膝下，侍奉双亲；到了中年，便要从侍奉父母延伸到侍奉君王，并为国家尽忠，为民众服务；到了老年，就要检查自己的身体和人格道德，没有欠缺，也没有遗憾，最终圆满于立身行道，这才是孝道的完成，通过扬名后世来显耀父母，这才是最大的孝道。天下都称赞和歌诵周公，说他能够继承、论述和歌颂周文王、周武王的功德，宣扬周、邵的风尚，通晓太王、王季的思想，乃至于公刘的功业，并尊崇始祖后稷。周幽王、周厉王以后，王道衰败，礼乐衰颓，孔子研究整理旧有的典籍，修复振兴被废弃破坏的礼乐，论述《诗经》《书经》，写作《春秋》，学者至今把孔子的著述奉为立身处世的行动准则。"

传说春秋时期鲁哀公十四年（公元前 481 年），鲁国猎获了一只麒麟，并被人们打死了，孔子听说以后非常伤心，他认为，麒麟是神灵之物，在太平盛世才会出现，而现在正逢乱世，出非其时，而被人抓获，所以他怀着一种非常沉痛和绝望的心情，把这件事记录下来以后，就终止了《春秋》的写作，这就是所谓的“绝笔于获麟”。从时间上说，获麟指公元前481年。

司马谈又对儿子说：“自获麟以来近四百年，诸侯相互兼并，史书丢弃殆尽。如今汉朝兴起，海内统一，明主贤君、忠臣死义之士，我作为太史都没有能够及时予以记录和评论，断绝了天下的修史传统，对此我甚感惶恐，你可要记在心上啊！”

司马谈慢慢地说着说着，声音越来越小，气息越来越微弱。司马迁低着头，含着眼泪，静静地听着父亲的教诲和嘱托。为了让父亲放心，司马迁轻轻地说：“我虽然驽钝，但您的话我都记住了，我一定会按照您的愿望，详述先人所整理的历史旧闻，不敢稍有缺漏，以完成您没有完成的修史事业。”司马迁说完，司马谈微微眨了眨眼睛，很安详、也很放心地离世了。司马谈临终前对司马迁说的这些话，就是历史上有名的十大家训之一《命子迁》。

三、司马迁忍辱撰史

汉朝太史令是世袭官职，司马迁听从父亲的话，承袭了父亲太史令之职，并开始阅读和整理皇家图书馆里丰富的藏书，为撰写《史记》做准备，以完成父亲临终前的吩咐和嘱托，完成父亲没有完成的修史大业。就在这时，司马迁被卷入李陵事件之中，突然遭遇横祸。

天汉二年（公元前99年），汉武帝命令贰师将军李广利率骑兵三万人深入漠北进攻经常南下骚扰西汉边境的匈奴，由李陵率步兵五千人作为策应援兵。李广利是汉武帝宠姬李夫人的哥哥，他以外戚受宠，其实只是一个很平庸的将领，汉武帝这次派他率兵出征，目的就是想让他立功，培养资历，以便加官晋爵。而李陵是西汉名将李广的孙子，有勇有谋，是一员能征善战的军事统帅。西汉大军誓师出发后，战局的发展大大出乎汉武帝的预料。李广利率领汉军主力军队，在茫茫草原中东奔西走，一直找不到匈奴的主力，却不断受到匈奴小股骑兵的袭扰，损兵折将，无功而返，竟然把李陵所率领的五千步兵弃之不顾。李陵率军深入匈奴腹地，被匈奴单于亲率的八万骑兵主力重重包围，战局十分被动。李陵被迫且战且退，经过十余天的激烈战斗，消灭匈奴兵一万余人，终因寡不敌众，在距离西汉边境仅有一百多里地的地方全军覆没，李陵被俘，并投降匈奴。

（汉代飞将军李广雕塑）

李陵战败的消息传到长安后，汉武帝十分震惊，后又传来李陵战败投降匈奴的消息，更是让汉武帝愤怒万分。人都会趋利避害，

（汉代飞将军李广墓）

这时满朝文武官员都在察言观色，趋炎附势。几天前还纷纷称赞李陵英勇善战的大臣们，在看到汉武帝的脸色大变之后，他们的态度立马转变，对李陵群起而攻之，纷纷落井下石，指责李陵的兵败投降罪不可赦。就在满朝文武极力讨好汉武帝、声讨李陵时，汉武帝询问太史令司马迁的看法，太史令司马迁痛恨那些见风使舵的大臣，如今见李陵出兵不利，他们就一味地落井下石，夸大其罪名。所以司马迁挺身而出，当着文武百官的面，认为大臣们对于李陵的议论和指责有失公正，为李陵鸣不平。司马迁对汉武帝说："李陵人品很好，平时孝顺母亲，对朋友讲信义，对人谦虚礼让，对士兵有恩信，常常奋不顾身地急国家之所急，有国士的风范。这次李陵只率领五千步兵，深入匈奴腹地，孤军奋战，杀伤了许多敌人，立下了赫赫战功。但李广利率主力撤退，把李陵弃置草原深处，以致被匈奴八万重兵包围。在救兵不至、弹尽粮绝、走投无路的情况下，李陵仍然奋勇杀敌，这种英雄气概就是古代名将也不过如此。李陵自己虽然身陷重围，最后全军覆没，但他杀敌很多，他的功劳足以显赫于天下。作为将军，李陵战败时为何不选择自杀以身殉国，而是选择投降了匈奴呢？我想他一定是缓兵之计，想寻找适当的机会再报答大汉皇朝。”

听司马迁这么一说，汉武帝觉得有些道理，心中的怒气似乎消减了不少，脸色也好看了许多。为了等待李陵归来，汉武帝派公孙敖率兵深入匈奴境内，以迎接李陵归汉。公孙敖在边境候望一年多，没有等到李陵归来，不想在边境再等了，于是便向汉武帝谎称李陵并没有南归汉朝的打算，还在死心塌地为匈奴训练士兵，以防备汉军北伐。汉武帝听到公孙敖无中生有的谎言后，没有弄清事情的真相，听信了公孙敖的一面之词，十分气愤，草率地处死了李陵的母亲、妻子和儿子。司马迁也因曾为李陵申辩，而以“诬罔”罪被逮捕入狱。司马迁被关进监狱以后，案子落到了当时的酷吏杜周手中，杜周严刑审讯司马迁，司马迁忍受了各种肉体和精神上的残酷折磨。面对酷吏，他始终不屈服，也不认罪。司马迁在狱中反复不停地问自己：“这是我的罪吗？这是我的罪吗？我一个做臣子的，就不能发表点意见？”

按汉朝法律，“诬罔”是一种死罪，若想免去一死，可以纳钱五十万赎死，或者接受宫刑。司马迁虽说出生于书香门第，却只是一介寒门书生（太史令的品级不过六百石），家里自然拿不出这些钱来赎死罪，所以就只有接受死刑，或接受宫刑。司马迁陷入一种两难的境地：接受宫刑，这对士大夫而言是一种奇耻大辱，生不如死；接受死刑，则意味着《史记》将无法撰成，父亲临终前的嘱托和遗训无法实现。两难相权，司马迁最终选择了宫刑。司马迁在后来写的《报任安书》中是这样说的，“人固有一死，或重于泰山，或轻于鸿毛。”司马迁把完成父亲遗愿、撰写《史记》看作是重于泰山的事业，如果因受李陵之祸而毫无价值地死去，这就如同“九牛亡一毛，与蝼蚁何以异”。面对最残酷的刑罚，司马迁痛苦到了极点，但他此时没有怨恨，也没有害怕。他只有一个信念，那就是一定要活下去，一定要把《史记》写完，“是以肠一日而九回，居则忽忽若有所亡，出则不知其所往。每念斯耻，汗未尝不发背沾衣也”。正因为还没有完成《史记》，他才选择忍辱负重地活了下来。

司马迁既然勇敢地选择了宫刑，放弃了死，选择了生，没有被这种奇耻大辱击倒。相反，逆境会更加激发司马迁去发愤著述《史记》，以成就这一扬名后世的事业。为了勉励自己发愤著述，在《报任安书》中，司马迁一口气列举了数位身处逆境而发愤成就事业的先贤圣哲，他说：“古时候虽富贵但名字磨灭不传的人，多得数不清，只有那些卓异而不平常的人才能名垂青史。比如说，西伯姬昌被商纣王囚禁在羑里，推演出了《周易》；孔子周游列国，被围于陈、困于蔡，到处受困而作《春秋》；屈原怀才不遇还被放逐，写成有名的《离骚》；左丘明眼睛瞎了，看不见东西，撰成史学名著《国语》；孙膑被人嫉妒，被剔去了膝盖骨而不能走路，《孙膑兵法》才撰写出来；吕不韦被贬谪到遥远的蜀地，后世才流传着他主编的《吕氏春秋》；韩非出使秦国，反被拘禁，被囚禁在秦国的他写出《说难》《孤愤》；《诗》有三百篇，大都是一些圣贤们抒发愤懑而写作的。这些人都是因为感情有压抑郁结不解的地方，不能实现其理想，所以记述过去的事迹，以期让将来的人了解他的志向。就好像左丘明没有了视力、孙膑断了双脚，终生不能被人重用，便退隐著书立说来抒发他们的怨愤，想到活下来从事著述以表现自己的思想。”

司马迁对任安所说的这一切，既是抒愤，也是自况，他要以这些先贤圣哲忍辱负重而成就功名的事迹为榜样，来激励自己发愤著述。《史记》一书对那些身处逆境而奋发有为、成就功业的人，每每总是给予赞许、表示敬意的。如在《越王勾践世家》中，司马迁对越王勾践国亡受辱后卧薪尝胆，十年教训，十年生聚，最终发愤雪耻、灭掉吴国而称霸中原，给予了赞许，称其"有禹之遗烈"；在《伍子胥传》中，司马迁对楚大夫伍奢、伍尚父子遭奸人迫害致死表示同情，认为伍子胥为报父兄之仇而助吴破楚是弃小义而雪大耻，称之为"烈丈夫"。

天汉四年(公元前97年)，司马迁出狱，开始了他后期的《史记》撰写工作。《史记》究竟完成于何时，由于史无确载，现已不得而知，据推算，应该大约在公元前90年，也就是司马迁写《报任安书》的时间。司马迁这封书信是对三年前他的好友任安写给他的一封书信的回复，当时任安担任益州刺史，看到司马迁出狱不久就被汉武帝任命为中书令，他为好友平安出狱由衷地感到高兴，便写了这封信，鼓励司马迁"慎于接物，推贤进士"，希望他能在仕途上有所作为。然而任安并不了解司马迁当时的心情，或许在别人看来，中书令是掌管机要的近臣，能获此官职是一种荣耀，但在司马迁看来，担任这种本由宦官充任的官职，对他却是一种莫大的耻辱，更不要说藉此身份在仕途上有所作为了。也正因此，当时正埋头于《史记》撰写的司马迁并没有给任安回信。三年后，《史记》的撰写大概已经完成，司马迁终于成就了自己的名山事业，而此时的好友任安却因太子事件而被捕入狱，被处以死刑，司马迁觉得该是给任安回信的时候了，于是便有了这一千古名篇《报任安书》。在这封书信里，司马迁尽情地向任安倾诉了自己多年积压在心中的郁闷，其言辞如泣如诉，慷慨悲凉。在这封书信里，司马迁以当代孔子自居，而称被汉武帝处以死刑的任安为“智者”，这其中的隐含讽喻不言自明。书信寄出后，伟大的史学家司马迁也就从此销声匿迹了。

《史记》是我国史学史上第一部纪传体通史，有本纪12篇、表10篇、书8篇、世家30篇和列传70篇，总共130篇，约52万6 500字，记述了自黄帝以来至汉武帝太初元年(公元前104年)上下3 000年的历史。

《史记》无论是从历史编纂、历史思想还是人生体验而言，都是中国古代史学史上一座难以逾越的高峰。从历史编纂而言，《史记》在史书选材、编撰体例、史书书法、历史文学、撰述宗旨和史学认识等多方面的创制，对后世史书编纂产生了重大影响；从历史思想而言，《史记》在天人观、古今观和历史盛衰观等方面都提出了自己的一家之言，对中国古代历史思想的发展有着重要影响；从人生体验而言，由于司马迁是通过撰述《史记》来实现人生价值的追求的，因而《史记》自然也蕴含了他的人生体验于其中，这就使得《史记》自然流露出的思想情感，千百年来一直都给人们以强烈的震撼和感染。伟大的文学家鲁迅先生称赞这部伟大的历史著作是“史家之绝唱，无韵之《离骚》”，这是一个实至名归的评价。

附录一:资料摘编

【1】夫人情莫不贪生恶死，念父母，顾妻子，至激于义理者不然，乃有所不得已也。今仆不幸，早失父母，无兄弟之亲，独身孤立，少

卿视仆于妻子何如哉？且勇者不必死节，怯夫慕义，何处不勉焉！仆虽怯懦欲苟活，亦颇识去就之分矣，何至自沉溺缧绁之辱哉！且夫臧获婢妾，犹能引决，况若仆之不得已乎？所以隐忍苟活，函粪土之中而不辞者，恨私心有所不尽，鄙没世，而文采不表于后也。

——班固《汉书》卷六十二《司马迁传·报任安书》

【译文】人之常情，没有谁不贪生怕死的，都挂念父母，顾虑妻室儿女。至于那些激愤于正义公理的人当然不是这样，这里有迫不得已的情况。如今我很不幸，早早地失去双亲，又没有兄弟互相爱护，独身一人，孤立于世，少卿你看我对妻室儿女又怎样呢？况且一个勇敢的人不一定要为名节去死，怯懦的人如果仰慕大义，什么地方不可以勉励自己呢？我虽然怯懦软弱，想苟活在人世，但也稍微懂得区分弃生就死的界限，哪会自甘沉溺于牢狱生活而忍受屈辱呢？再说奴隶婢妾尚且能够下决心自杀，何况像我到了这样不得已的地步！我之所以忍受着屈辱苟且活下来，陷在污浊的监狱之中却不肯死，是遗憾我内心的志愿尚未达成，如果平平庸庸地死了，文章就不能在后世显露。

【2】人固有一死，死有重于泰山，或轻于鸿毛。

——班固《汉书》卷六十二《司马迁传·报任安书》

【译文】人总有一死，有的人价值重于泰山，有的人却轻于鸿毛。

【3】一死一生，乃知交情。一贫一富，乃知交态。一贵一贱，交情乃见。

——司马迁《史记·汲郑列传》

【译文】一对好朋友，一个面临生死困境时，另一个生活稳定平安，生活好的对处于困境中的朋友的态度体现出两人的交情；一个有钱，一个贫穷，两个人的交往看出两人对待朋友的态度；一个身份高贵，一个身份低贱，两人的交往看出两人是否有友谊。

【4】非好学深思，心知其意。固难为浅见寡闻道也。

——《史记·五帝本纪》

【译文】如果不喜欢学习，勤于思考，体会其中的含义，就会孤陋寡闻。

【5】貌言华也，至言实也，苦言药也，甘言疾也。

——司马迁《史记·商君列传》

【译文】虚浮不实的话，就像花；深切中肯的言论，就像果实；苦口的直言，就像良药；动听的言辞，就像疾病。

【6】浴不必江海，要之去垢；马不必骐骥，要之善走。

——司马迁《史记·外戚世家》

【译文】洗澡不是只能在江海之中，只要能去污垢就行；马不一定得是良马，只要擅长奔跑就可以了。

【7】善者因之，其次利导之，其次教诲之，其次整齐之，最下者与之争。

——司马迁《史记·货殖列传》

【译文】最好的办法是顺其自然，其次是因势利导，再次是教育劝说，再次是用法令整治约束，最差的是与民争利。

【8】古者富贵而名摩灭，不可胜记，唯倜傥非常之人称焉。

——班固《汉书》卷六十二《司马迁传·报任安书》

【译文】古时候虽然大富大贵但名字磨灭不传的人，多得数不清，只有那些卓异而不平常的人才能见称于后世。

【9】不知其人，视其友。

——司马迁《史记·张释之冯唐列传》

【译文】不了解这个人的话，可以看看他的朋友。

【10】高山仰止，景行行止。虽不能至，然心向往之。

——司马迁《史记·孔子世家》

【译文】孔子的高尚品德如巍巍高山让人仰慕，光明言行似通天大道使人遵循。虽然不能达到（上面）这样的境界，但心里也知道了努力的方向。

【11】仓廪实而知礼节，衣食足而知荣辱。

——司马迁《史记·管晏列传》

【译文】百姓的粮仓充足，丰衣足食，才能顾及到礼仪，重视荣誉和耻辱。

附录二：后人评说

【1】自刘向、扬雄博极群书，皆称迁有良史之材，服其善序事理，辨而不华，质而不俚，其文直、其事核，不虚美、不隐恶，故谓之实录。

——班固《汉书》卷六十二《司马迁传》

【译文】从刘向到扬雄，他们博览群书、满腹经纶，都认为司马迁是优秀的史官，佩服他善于记叙事情的原委，文章思路清晰而不华丽，质朴而不低俗，他的文笔平直，记事准确，不虚伪地赞美，不隐藏古人的过失，因此说《史记》是实录。

【2】司马氏以命世之才、旷代之识、高视千载，创立《史记》。

——钱谦益《牧斋有学集》卷十四

【译文】司马迁凭借命世之才、远见卓识、高瞻远瞩，创立了《史记》。

【3】司马迁参酌古今，发凡起例，创为全史。本纪以序帝王，世家以记侯国，十表以系时事，八书以详制度，列传以志人物。然后一代君臣政事，贤否得失，总汇于一编之中。自此例一定，历代作史者，遂不能出其范围，信史家之极则也。

——赵翼《廿二史札记》卷一

【译文】司马迁博古通今，发凡起例，创造了通史体例。本纪用以记帝王，世家用来记侯国，十表用于查年代时事，八书详细记载了制度，列传专门记载人物。然后一代君臣是否贤明，政治的得失，汇集在一篇之中。从此开创了纪传体，历代写史书的人，都跳不出这个范围，确实是史学家的极限了。

附录三：网上知识链接

【史记】《史记》是西汉著名史学家司马迁撰写的一部纪传体史书，是中国历史上第一部纪传体通史，被列为“二十四史”之首，记载了上至上古传说中的黄帝时代，下至汉武帝太初元年间共3000多年的历史。它与后来的《汉书》《后汉书》《三国志》合称“前四史”。《史记》对后世史学和文学的发展都产生了深远影响。其首创的纪传体编史方法为后来历代“正史”所传承。同时，《史记》还被认为是一部优秀的文学著作，在中国文学史上有重要地位，被鲁迅誉为“史家之绝唱，无韵之《离骚》”，有很高的文学价值。刘向等人认为此书“善序事理，辨而不华，质而不俚”。《史记》全书包括十二本纪（记历代帝王政绩）、三十世家（记诸侯国和汉代诸侯、勋贵兴亡）、七十列传（记重要人物的言行事迹，主要叙人臣，其中最后一篇为自序）、十表（大事年表）、八书（记各种典章制度、记礼、乐、音律、历法、天文、封禅、水利、财用），共一百三十篇，五十二万六千五百余字。

【司马迁墓】司马迁墓在陕西省韩城市芝川镇南，现为全国重点文物保护单位。其墓背依梁山，面临芝水，建筑于地势高畅、林木茂密的黄土岗阜之上。墓地与司马迁祠相连，在岗阜至高处。墓用砖砌成圆形宝顶，顶上植有古柏，枝丫虬劲，浓密青翠，为宋元所筑衣冠冢。坡下台地上筑有寝宫、享堂和配殿，四周筑成带雉堞的高墙，如城似堡，道路蜿蜒而下。于此，居高临下，极目千里，雄伟壮观。

【司马迁祠】司马迁祠位于陕西省韩城市南十公里芝川镇东南的山岗上，东西长 555 米，南北宽 229 米，面积 4.5 万平方米。它东临黄河，西枕梁山，芝水萦回墓前，开势之雄，景物之胜，为韩城诸名胜之冠。据韩城县志记载：芝水原名陶渠水，相传汉武帝采灵芝于陶渠水之阳，遂改名芝水。至今吕庄村西尚有“灵芝庵”遗址，2014 年晋升为国家 AAAA 级旅游景区。1982 年国务院公布司马迁祠为第二批国家文物保护单位。

第三章　留得清白在人间

——杨震清白家风

著名诗人臧克家在1948年写过一首诗，诗的名字叫《有的人》，诗人这样说："有的人活着，他已经死了；有的人死了，他还活着。"现实生活中那些贪官污吏，那些卑鄙小人虽然还活着，但在老百姓的心中，他们就是一具具没有灵魂的行尸走肉，在传之后世的昭昭史册里，他们就是一具具没有生命活力、让人望而生畏的骷髅。

公元124年，东汉王朝的太尉杨震与世长辞，享年约78岁。屈指算来，杨震已经去世近1 900年了。但是，杨震没有"死"，他还活着，活在人们的心里，活在中华民族的精神家园里。千百年来，杨震要求子孙做"清白吏"的训诫和他清白为人为官的风骨一直是人们学习的榜样，也是杨氏子孙立身处世和弘农杨氏家族永葆不衰的思想法宝。杨震的高尚品格一直是人们喜爱的心灵鸡汤，他的"四知"真言一直是人们抵抗虚伪、防止堕落的精神武器。

（杨震塑像）

一、父慈子孝

弘农杨氏祖脉源远流长，依其族谱记述，杨震的肇姓始祖可追溯到西周初年杨杼，杨氏薪火相传，人丁蕃息，传至第34代孙杨宝时，已是西汉末年。杨宝专习《欧阳尚书》，成为当时有名的《尚书》学者。但是，杨宝有心向学，无心为官，隐居在家收徒讲学，传道授业，闻名乡里。西汉末帝孺子婴居摄二年（公元7年），大将军王莽仰慕杨宝的学问和人品，想征召他入朝为官，但是杨宝不仅没有应诏，而且遁逃山间躲藏起来，人们不知其所处。东汉建立后，光武帝刘秀钦佩杨宝在王莽当权时不趋炎附势、淡泊名利的高风亮节，一心想召之入朝，为治国安邦做贡献。光武帝为表示自己的诚意和礼遇，特别派出朝廷的公车去杨宝家接他入朝。但杨宝以年老多病为由，拒绝应征。杨宝虽然学富五车，但他不慕名，不图利，不附势，清平一生，这种清淡如水的君子风格对其子孙是一种良好的示范，也是很好的学习榜样。

《后汉书·杨震传》注引《续齐谐记》中的一个故事说：在杨宝九岁的时候，有一次他攀登自家屋后的华阴山，在登山路上，杨宝看见一只黄雀在和鸱鸮搏斗时受伤了，从树上掉落下来。受伤的黄雀在地上动弹不得，被许多蚂蚁围攻叮咬，命悬一线。杨宝看到后，心生怜悯，便把受伤的黄雀捡起来，小心地抱在怀里带回家，并专门拿小木箱做了一个温暖的小鸟窝，把黄雀安放在其中，每天精心喂食。过了百余天，黄雀的伤养好了，掉落的羽毛也长丰满了，黄雀从鸟窝飞走，回到山林。当天夜里，杨宝已经睡了，突然有一个黄衣童子来到杨宝床前，向杨宝施礼拜谢，并且对睡得迷迷糊糊的杨宝说："我是西王母的使者，你有一颗仁爱之心，并且救了我的命，我专门来感谢你。"黄衣童子说完，便从衣服兜里取出四枚晶莹剔透的白环给杨宝，并且说："我希望你的子孙像你一样心胸坦荡，清白做人，廉洁为官，以后他们虽然位登三公，功名显赫，但立身处世要像这四枚白环一样洁白，做人要像这四枚白环一样圆通敦厚。"

这个故事可能是后人的虚构，不会真有这么灵异的事。后人虚构这个故事一方面是想表彰杨宝那颗感动上天的仁爱之心，另一方面也反映了中国古代老百姓对于清官廉吏的尊崇和希望。

杨宝布衣终身，家无余财。杨宝去世后，杨家虽然清贫，但日子过得很祥和温馨。杨宝之子杨震，字伯起，年少就喜欢读书，由于受父亲的影响，拜当时有名的学者桓郁为师，重点攻读《尚书》。杨震虽然重点攻读的是《尚书》，但他触类旁通，博览五经，而且学有所成，成为知名学者，被人们誉称为"关西孔子"。杨震虽然博通五经，学识渊博，但他无意于功名利禄。他继承父业，一边在家乡开设讲堂，招收学生，诲人不倦；一边租赁了一些土地，亲自精耕细作，侍奉老母亲，并养家糊口。为了更好地陪伴老母亲，杨震多次以身体有病为由，拒绝地方州府的礼聘征召，乡里人们都称赞杨震是个孝子。老母亲去世后，杨震已经五十岁了，少了些牵挂的杨震接受州府的礼聘，出山为官。当时朝中掌权的是大将军邓骘，他对杨震的学识和清名钦慕已久，便以举茂才的名义把杨震征辟入朝，先后任命杨震为荆州刺史、东莱太守。汉安帝延光二年(公元 123 年)，杨震担任太尉，位至三公，成为中国历史上一位受人尊敬的贤者名宦。

二、表里如一

有些人是两面人，白天衣冠楚楚，话说得头头是道，显得精神境界高，道德水平高，看起来是一个很体面的人。但西边的太阳刚刚落下山岗，这些人就脱下伪装，在夜色之下变成了面目狰狞的魔鬼，什么事都敢做，什么话都能说。而杨震呢，表里如一，清白做人，就如一颗夜明珠，白天很洁白，夜晚更晶莹。

杨震在荆州刺史任上，由于治理有方，官声卓著，大将军邓骘表奏朝廷，调杨震任东莱（今山东掖县）太守。杨震在赴任的途中，经过昌邑县（今山东金乡县），夜宿在昌邑县一家旅店。原来杨震在任荆州刺史时发现当地一个青年人王密德才兼备，是个难得的人才。虽然杨震与王密没有任何利益上的交集，但杨震唯才是举，把王密以茂才的名目举荐给朝廷，并被朝廷任命为昌邑县令。杨震路过昌邑时，县令王密为答谢杨震的知遇推荐之恩，在夜色的掩护下，怀揣10斤黄金，既拜望恩人，又要以10斤黄金相送以致感谢之意。虽然夜黑风高，而且深处密室，如果收下这10斤黄金确实人不知，鬼不觉，但杨震没有接受王密的答谢礼金。王密以为是杨震故作清高，假意推谢，坚持要杨震收下这10斤黄金。杨震再三推谢，语重心长地对王密说："我很了解你，正是因为我知道你有德有才，是国家需要的人才，是百姓可以依赖的好官，所以才向朝廷举荐了你，举荐你并不是为了得到你的报答，而是为国家社稷着想，为天下苍生谋福。但是，你却不了解我做人的原则，以为世人皆浊，我也会同流合污，如果你这么想，那你就错了。"王密说："恩师尽管放心，夜色深沉，我送你的这些礼金没有人知道，你放心收下就是了。”听王密这么一说，杨震不仅没有收下王密的礼金，反而很不高兴，厉声责问王密说：“天知，神知，我知，你知，怎么说没有人知道呢？”面对杨震的责问，王密无言以对，羞愧不已，很尴尬地趁着夜色逃回家里。从此以后，杨震“四知拒金”的故事千古流传，后人称杨震为“杨四知”“四知太守”“四知先生”。

（杨震廉政教育基地“四知堂”外景）

杨震表里如一，夜色之下依然清白如玉，留下了千古美名。杨震“暮夜却金”并不是装模作样的表演，也不是沽名钓誉的卑劣作秀，更不是口是心非的伪君子的骗人把戏，而是他一以贯之的做人原则和行为规范，在史册上留下的是一生清白，没有丝毫污点。史书记载，杨震后来曾经调任涿郡（在今河北省涿县）太守，在其任上，杨震一如既往，公正廉明，从来不接受私人请托，权钱交易、权色交易、权权交易这些中国历史上泛滥成灾的官场潜规则在杨震那儿统统失效了。

三、做个“清白吏”

杨震出污泥而不染，表现出令人尊敬的高风亮节，名垂后世。杨震不仅严格要求自己，真正做到言行一致，坚决不做“两面人”，同时也要求自己的子子孙孙如果能够出官入仕，一定要做个“清白吏”。

（杨震廉政教育基地“四知堂”内景）

杨震虽然位列三公，权势很大，但他从来不肯私下接见任何人，就是家里的人，也不准他们询问他的公事，真正做到公私分明，绝不以私害公。杨震后来官至太尉，除了应得的薪饷，所有的收入一律归公。子孙们吃的是粗茶淡饭，如果要出行，他绝对不允许公车私用，坚持让家人们步行或使用自己的交通工具，不得乘坐官府专门给他准备的车子。杨震正是以自己的言行以身作则，教育子孙们要节衣缩食，省吃俭用，形成了公廉俭朴的家风。杨震的一些亲戚朋友看不下去了，看到杨震权力那么大，但从来不蓄私产，不置产业，心里很是不平，认为杨震是在浪费权力资源，以有权不用、过期作废的浊世心态劝说杨震“开产业”，即置备一些家产，留给子孙慢慢享用。但是，杨震并没有受到这些亲戚朋友劝说的影响，他坚持自己的做人为官的原则。杨震对劝他的亲戚朋友说：“让后世被称为‘清白吏子孙’——把这个留给他们，不是更好吗？”“清白吏”三个字，掷地有声，既是杨震怒怼那些心术不端的亲戚朋友的话，也是他给自己子孙们的谆谆训诫，更是他遗留给子孙们最宝贵的财富。

往事如烟，形形色色的历史人物或隐或显，或沉或浮。但翻开史册，我们总会看到有些人如星辰，如日月，光耀千古；也看到有一些人言行污浊，遗臭万年。找一个静谧幽隐的地方，我们打开《后汉书·杨震传》，细细品读，会发现杨震不是一个自吹自擂的人，留下的言语不多，说的话质朴无华。但是，杨震所说的每一句话，字字如珠玑，句句比圣言。

汉安帝时，杨震官居太尉，位列三公，在朝廷里是个位高权重的人。如果杨震把手中的权力寻租一点点，没有他办不成的事，没有满足不了的欲望，没有得不到的金银财宝。但是，杨震坚持把手中的权柄用来治国安邦，而不是用来谋取私利。杨震在任地方官时，爱民如子，或宽或严，因地因人而异。据《汉太尉杨震碑》记载，杨震每到一处，“先阳春以布化，后秋霜以宣威。宽猛惟中，五教时序，功治三邦”。杨震的美名逐渐传入京城，皇帝嘉其政绩卓著，调他入朝，任太仆、太常。杨震手中有权，而且是人事任免大权，但他从不结党营私，举荐官员均以公论，所举荐之人都是有学问、有品德、有才能之士。反过来说，那些无能之辈和心术不正的人想混入官场，在杨震那里，不管谁从中说情都不行。中常侍李闰想为自己的哥哥谋个官职，便贿赂汉安帝的舅舅、官居大鸿胪的耿宝，希望耿宝去杨震那儿疏通疏通，并向朝廷推荐，走个形式。耿宝自以为自己是皇帝的舅舅，也官至大鸿胪，杨震肯定会给这个面子，便派人给杨震捎话过去。但是，耿宝错了，他的要求被杨震严词拒绝。耿宝虽然心里不高兴，但知道杨震的个性和人品，便亲自前去登门拜访，请求通融。耿宝打着汉安帝的旗号，用威胁的口气对杨震说："李常侍是皇上重用的人，想让你征召他的哥哥做官，我只是传达皇上的意思罢了。"杨震并没有被吓倒，他公事公办，对耿宝说："如果皇上想让三府（太尉、司徒、司空建立的官署）征召，那就应该由主管人事的尚书省正式行文，你不应该直接来找我。"耿宝在杨震那里碰了一鼻子灰，忿然离去。阎显是汉安帝阎皇后的哥哥，官居执金吾，也要求杨震推荐他的亲友入朝为官，杨震又没有答应。但是，司空刘授为了讨好阎皇后和阎显，立即用手中的权力，通过另外的渠道把阎显的两个亲友征辟为官。相比之下，杨震坚持原则，谨慎用权，不寻私利，但把阎皇后和阎显都得罪了。而司空刘授见风使舵，趋炎附势，大搞权权交易，反而得利。

如果用小人心态和浊世理论看，杨震是"不识时务"。汉安帝的乳母王圣，因为一直在宫中养育汉安帝，与汉安帝感情很好，但王圣以为有了汉安帝做后台，行为放肆。王圣的子女家人都随意出入宫中，毫无规矩和法纪，并且恃势收受贿赂，朝臣们畏惧权势，明哲保身，敢怒不敢言。只有杨震上书汉安帝，直陈王圣的种种行为。因为汉安帝徇私情，对于王圣的不当行为没有惩处，而是听之任之。而且汉安帝还要大兴土木，为王圣修建豪华的房子。一些心术不正的奸邪小人，如中常侍樊丰及侍中周广、谢恽等人认为这是讨好王圣和汉安帝的大好机会，便极力鼓动，并送钱送物。杨震又上书汉安帝，认为为王圣修建豪华宅第，不仅耗费钱财，而且极易导致贪污腐败，应该立即停止。

杨震的忠心切谏，汉安帝没有理睬。杨震一片赤胆忠心无处安放，而且还得罪了权贵，引来了祸端。因受人诬陷和谗谤，汉安帝收回了杨震的太尉印绶，并把杨震罢官放归本郡。杨震面对如此昏庸的汉安帝和他周围的皇亲国戚，奸佞小人，无可奈何，在对现实极度失望的时候，杨震没有选择屈服，也没有选择同流合污，而是选择自杀明志。汉安帝延光三年(公元 124 年)，杨震在罢官回家的路上服毒自杀。临死前，杨震把儿孙和自己的学生们召到面前，很悲切地对他们说："死是士人寻常本分之事。我承蒙皇上厚爱，身居高位，憎恨奸臣狡猾而不能惩处，厌恶后宫作乱而不能禁止，有何面目再见日月！我死以后，用杂木做棺材，以粗布做寿衣盖住身体就行了，不要埋葬在祖坟，不要设祠祭祀。"这是杨震留给子孙的遗言，也是他最后的家训。

据《杨氏族谱》记载，杨震死后，当时的弘农太守移良是朝中奸臣樊丰的心腹走狗，移良秉承樊丰的旨意，派人在陕县截留了杨震的灵柩，不许杨震的子孙和学生把灵柩安葬，而是暴棺于道旁，同时把杨震的儿子们贬为邮差。当地老百姓见此情景无不为之痛哭落泪。一年后，汉顺帝即位，诛杀了樊丰等奸臣，为杨震平反昭雪，并礼葬杨震。传说杨震安葬前十几天，有只身高一丈多的大鸟，飞到杨震棺材前，俯仰悲鸣，泪流湿地。直到下葬结束，鸟才凄沧飞离。所以后人为纪念杨震，在渭河岸边的高桥乡亭东村西北杨震墓前立了一座石鸟像。

四、留得清白在人间

杨震虽然走了，但他的风范和品行成为杨氏后裔学习和遵从的典范，形成了做个“清白吏”的杨氏家风。《后汉书·杨震传》中说：自杨震至杨彪，四世太尉，德业相继，代代“能守家风，为世所贵”。杨震之后，杨家以儒学为祖业，以清正为祖训，使其家族发扬光大，人才辈出，以至于唐朝皇帝曾下令控制其家族科举入仕人数。

在杨震的言传身教下，他的五个儿子生活简朴，为官清廉，都以“清白吏”而誉满天下。杨震以“四知”名满天下，他的第三个儿子杨秉也以“三不惑”名垂青史。杨秉曾出任豫、荆、徐、兖四州刺史，在汉桓帝时官至司空。虽然官做大了，级别高了，拿的工资俸禄应该更多，但是，杨秉只拿刺史级别的工资，而且按上班的时间计日受俸，凡是因病因事请假了没有上班，就不领工资俸禄。一个曾经在杨秉手下工作过的老部下为了感谢杨秉的提携和帮助，特地带一百万钱送给他，以示敬意。杨秉听说老部下是来送钱的，闭门不受。老部下不仅钱没送出去，连杨秉的家门都没能够进去。杨秉虽然出官入仕，但他从来不喝酒。其夫人因病早丧，他也没有再娶。有一次，杨秉在和人们闲聊时，说到滚滚红尘中诱惑太多时，杨秉自得地说：“我有三不惑：酒、色、财也。”意思是说，面对酒、色、财，我有免疫力和抵抗力，不饮酒、不贪财、不近色，酒、色、财，这三样东西诱惑不了我。正是因为杨秉的清高自持，不沾酒、色、财，时人都说他“淳白”。

《杨氏族谱》中记载，延熹五年（公元 162 年），汉桓帝任命杨秉为太尉，令其专门处理官吏的违法之事。汉时宦官专权，奸佞当道，官吏们竞相贪赃枉法，荒淫无度，朝野上下一派污浊之气，天下是一片嗟怨之声。杨秉任太尉以后，他不畏宦官的权势，秉公上言规谏，整肃朝纲，查处了不法太守、刺史等五十余人，或处死，或免官。经过杨秉的整顿，贪官污吏们有所收敛，天下肃然。

杨秉的儿子杨赐官至司徒、司空、太尉，同样具有杨震清正廉洁、无私无畏的刚毅气概。《后汉书·杨震列传》中记载有杨赐的一些奏章。这些奏章显示，杨赐在弹劾贪官污吏时锋芒毕露，每个字都如刀枪，切中贪官污吏的要害。《杨氏族谱》中说杨赐在当官从政以前，“退居隐约，教授门徒，不答州郡礼命”，意思是说杨赐很低调，很内敛，专心读书，收徒讲学，对于州郡的征召他都是婉言拒绝。杨赐步入政坛后，却不辱使命，在其位，谋其政，“切谏忤旨”，敢于违抗皇帝的旨意，批评政治的得失，体现了杨氏家族做“清白吏”的家风。中平二年（公元 185 年）九月，杨赐因病去世，汉灵帝举哀三天，并亲自披麻戴孝为杨赐守灵。

杨赐的儿子杨彪亦官至太尉。公元 179 年，杨彪任京兆尹，面对不可一世的宦官，杨彪不为所惧，毅然决然地处死了违法乱纪的黄门令王甫。黄巾起义爆发后，天下大乱，董卓乘机入京，控制朝政。但董卓性格残忍，为政“法令苛酷”，打击异己，还纵兵杀掠百姓，这些不端行为引起曹操等人的强烈不满，天下群起而攻之，袁绍、曹操等人联合起来成立联军，讨伐董卓。公元 189 年，相国董卓面对讨伐大军的日益逼近，想挟持汉献帝把都城从洛阳迁入关中，满朝文武百官没有一个人敢提出反对意见。这时，司徒杨彪挺身而出，唇枪舌剑，坚决反对迁都关中，董卓既惊讶，又无奈，脸色大变。当然，杨彪也因此得罪了董卓，被罢免了官职。

杨奇是杨震长门曾孙，《杨氏族谱》里说他少年即有大志，而且自立性很强，不拼爹，不炫富，很反感那些官二代、富二代的纨绔气，而喜欢与英才俊杰交朋友。杨奇书读得多，读得精，学问很好，精通四书五经，乐于传道授业，教诲学生，慕名来求学的学生有两百多人。汉灵帝时，杨奇任侍中，他对当权的宦官不献媚，不求荣，敢于直言。汉灵帝曾对他说："你的脖项硬直，从不低头屈项，真正是杨震的子孙，你死了后一定也会把大鸟招到你的墓前。"

自古杨氏出弘农，许多杨姓家谱都把远祖追溯到弘农杨氏，尊杨震为开基始祖。杨氏后裔中，因文韬武略、清正廉洁而载入史册的，不乏其人。比如说北宋时期著名思想家、教育家、理学大师杨时，虽然身处高位，不管在朝廷，还是在地方，手中的权力都很大，但他一生非常廉洁，奉法爱民，不枉费公家一分钱。史书上说，杨时一生没买过一亩地，没盖过一间好房子。南宋爱国诗人杨万里也是一个清正廉洁的好官。他退休回乡后，家里只有父亲留下的一栋老屋，仅可遮风避雨。宋宁宗了解情况后非常钦佩，称他为"当今廉吏"。明朝的杨士奇曾任内阁首辅（相当于其他时代的宰相），佐明朝四位皇帝，位高权重，可他从来不谋私利，他虽在京为相几十年，他的妻子却一直在老家以农耕为生。

如今，在全国各地及海内外的杨氏祠堂中以杨震的"四知"典故命名的"四知堂""清白堂""清风堂"随处可见。杨震的风范品行和他确立的清白家风，对医治当今危害很大的贪腐病、享乐病、自私病都是一剂良药。

附录一：资料摘编

【1】大将军邓骘闻其贤而辟之，举茂才，四迁荆州刺史、东莱太守。当之郡，道经昌邑，故所举荆州茂才王密为昌邑令，谒见，至夜怀金十斤以遗震。震曰："故人知君，君不知故人，何也？"密曰："暮夜无知者。"震曰："天知，神知，我知，子知。何谓无知！"密愧而出。

——范晔《后汉书》卷五十四《杨震列传》

【译文】大将军邓骘听说杨震是位贤人，于是举其为茂才，四次升迁后为荆州刺史、东莱太守。当他前往郡里路过昌邑时，从前他推举的荆州茂才王密正任昌邑县长，王密去看望杨震，晚上又要送给杨震金十斤。杨震说："老朋友了解你，你为什么不了解老朋友呢？"王密说："现在是深夜，没有人会知道。"杨震说："天知、神知、我知、你知，怎么说没有人知道呢？"王密惭愧地离开。

【2】后转涿郡太守。性公廉，不受私谒。子孙常蔬食步行，故旧长者或欲令为开产业，震不肯，曰："使后世称为清白吏子孙，以此遗之，不亦厚乎！"

——范晔《后汉书》卷五十四《杨震列传》

【译文】杨震后来转任涿郡太守，任内公正廉明，不接受私人的请托。他的子孙蔬食徒步，生活俭朴，他的一些老朋友或长辈，想要他为子孙布置产业，杨震说："让后世的人称他们为清白官吏的子孙，不是很好吗？"

【3】震少好学，受《欧阳尚书》于太常桓郁，明经博览，无不穷究。

诸儒为之语曰："关西孔子杨伯起。"

——范晔《后汉书》卷五十四《杨震列传》

【译文】杨震少年时爱学习，跟随太常桓郁学《欧阳尚书》，通晓经术，博览群书，专心探究。当时儒生称之为："关西孔子杨伯起。"

【4】震行至城西几阳亭，乃慨然谓其诸子门人曰："死者士之常分。吾蒙恩居上司，疾奸臣狡猾而不能诛，恶嬖女倾乱而不能禁，何面目复见日月！身死之日，以杂木为棺，布单被裁足盖形，勿归冢次，勿设祭祠。"

——范晔《后汉书》卷五十四《杨震列传》

【译文】杨震走到城西几阳亭时，感慨地对儿孙和学生们说："死是一个人不可免的。我蒙恩身居高位，痛恨奸臣狡猾而没有能力诛杀，厌恶后宫作乱却无法禁止，还有什么面目见天下呢？我身死之日，用杂木为棺，布单被只需盖住形体，不归葬祖坟山，不设祭祠。"

附录二：后人评说

【1】孔子称"危而不持，颠而不扶，则将焉用彼相矣"。诚以负荷之寄，不可以虚冒，崇高之位，忧重责深也。延光之间，震为上相，抗直方以临权枉，先公道而后身名，可谓怀王臣之节，识所任之体矣。遂累叶载德，继踵宰相。信哉，"积善之家，必有余庆"。先世韦、平，方之蔑矣。赞曰：杨氏载德，仍世柱国。震畏四知，秉去三惑。

——范晔《后汉书》卷五十四《杨震列传》

【译文】孔子说："站不住的时候不去扶，摔倒了不去搀，那么还要你这个引导盲人走路的人做什么？"确实被寄以重望的人，不可以弄虚作假，身居要位，考虑的事情就会很多，责任重大。延光年间，杨震作为上相，对待权贵刚正不阿，处事先考虑公道然后再考虑自己的名声，称得上是有王臣之节，明白自己职责的人。所以他才积累了恩德，担任了宰相。确实如此，“积善之家，必有余庆”。先祖韦、平，积累一些善德。人们评价他说：杨震积德行善，所以才世代为柱国。杨震敬畏“四知”，杨秉摒弃三惑（酒、财、色）。

【2】杨震幽魂下北邙，关西踪迹遂荒凉。四知美誉留人世，应与乾坤共久长。

——（唐）胡曾《咏史诗·关西》

【译文】杨震死后，关西就变得荒凉了。他的“天知、神知、我知、子知”四知美誉长留人间，应该会与天地长存。

【3】杨震不受遗金，四知之言，可质天地；并欲清白传子孙，卒能贻泽后人，休光四世。后之为子孙计者，何其熏心富贵，但知贻殃，未知贻德耶？而关西夫子杨伯起，卒以此传矣。

——蔡东藩《后汉演义》第四十回

【译文】杨震不接受部下的贿赂，“天知、神知、我知、子知”四知之言，可以明示天地，而且想要把清白传给后世，所以能够四世受到他的恩惠。后来那些为了子孙而谋划者，一心为了富贵，却只是知道谋取私利，把祸患遗留给后世，而不是知道把道德留给后世。所以关西孔子杨伯起的名声就因此流传后世。

附录三：网上知识链接

【杨震墓祠】杨震墓祠位于陕西省渭南市潼关县高桥乡四知村

村东，渭河南岸，老西潼公路北。西距华山 13 公里，泉湖休闲度假区 2 公里，东与拟建的黄河文化公园相距 2 公里。原墓祠坐北向南，东西长约 200 米，南北长约 250 米，占地 75 亩（约 5 公顷）。

【四知台】四知台又名辞金台，在今山东省莱州市境内，因关西夫子杨震出仕后不受私谒、暮夜却金的故事得名，为昌邑古城中的八景之一，被称为震台月霁。除四知台外，当地群众为纪念杨震，还自发地修筑了“名宦祠”“忠爱祠”“二公祠”“三贤祠”“我师祠”“四知堂”等祠庙，为杨震树碑立传，表达百姓深切的怀念和虔诚的敬仰。四知堂在今莱州市政府大院，原是古东莱郡和莱州府治所在地，原府署大堂后曾有一座高大房屋，大门迎面北壁巨匾高悬，匾上为蓝底金字“四知堂”三字。《莱州府志》载：“府署大门内，西为杨公祠，大堂后为四知堂”，此建筑当是纪念杨震的所有建筑中最宏伟的。

【关西孔子】关西孔子，指汉朝的杨震。《后汉书·杨震传》：“震少好学，受《欧阳尚书》于太常桓郁，明经博览，无不穷究。诸儒为之语曰：‘关西孔子杨伯起。’”后以“关西孔子”借指大儒。

第四章　八州世业，五柳家风

——东晋陶侃家风

“采菊东篱下，悠然见南山”，东晋时期田园诗人陶渊明不为五斗米折腰，挂印而去，毅然弃官回到乡间。诗人开园数亩，自在地采摘菊花，偶然间，抬起头来，目光恰与南山相会，人与自然浑然融为一体，静穆而淡远。

天下熙熙，皆为利来；天下攘攘，皆为利往。当人们为了名利奔竞不息时，陶渊明为何能够抖落世俗，摆脱红尘中名利羁绊，潇洒地东篱采菊、荷锄夜归呢？

我国有春节贴对联的习俗。春节期间，如果我们看到哪家门联贴有“八州世业，五柳家风”八个字，即可认定为这是一户陶姓人家。如果看到冠名为“惜阴”的学校或建筑，基本可认定这是一间陶氏宗祠或陶姓人士主办的学校。“八州世业”说的是东晋名宦陶侃，因为陶侃曾任荆、江二州刺史，都督八州军马。“五柳家风”赞的是陶侃曾孙陶渊明，因为他写过一篇有名的文章《五柳先生传》。

一、母亲的教诲

陶侃的先辈，史书上记载不详。我们只知道陶侃的父亲陶丹做过江东孙吴的边将，官至扬武将军，在东吴应该属于中下级官吏。在重门第、讲出身、唯身份论的魏晋时期，陶侃可以说出身寒门，用当今的话说就是草根出身。陶侃还未成年，父亲陶丹便病故，家境更加贫苦，陶侃与母亲湛氏相依为命，艰难度日。湛氏是一位很坚强、也很有远见的母亲，她立志要把儿子陶侃培养成一个有出息的人，一个对国家和社会有用的人。陶侃幼承母训，陶冶了情操，修养了品格，提升了精神境界。

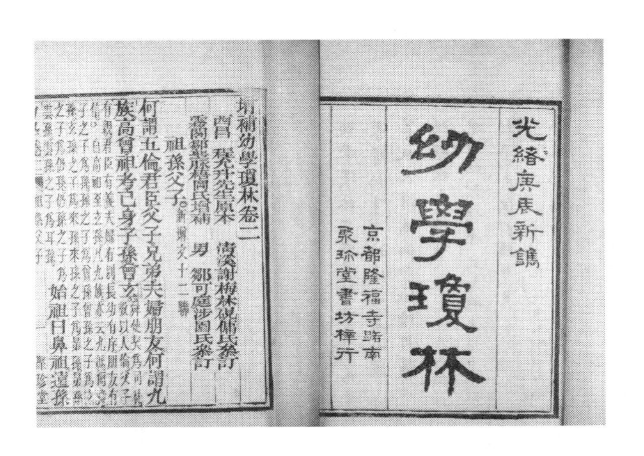
光緒庚辰新鐫

幼學瓊林

京都隆福寺路南
聚珍堂書坊梓行

(《幼学琼林》书影)

明朝有一本用骈体文写成的儿童启蒙读物《幼学琼林》,其中有一段话这样说:“侃母截发以筵宾,村媪杀鸡而谢客,此女之贤者。”“侃母”指的就是陶侃的母亲湛氏。据史书记载,湛氏出生于三国时期吴国的新淦县南市村(今江西省新干县金川镇)。16 岁那年,因一个偶然的机会,她嫁给吴国扬武将军陶丹为妾,并生下儿子陶侃。没想到,只过了几年好日子,丈夫陶丹便病逝,从此,家道中落,一蹶不振。由于孤苦无依,湛氏只好携带幼小的陶侃从浔阳(今九江市)回到新淦的娘家,以纺纱织布为生,并尽力供陶侃读书。有一次,鄱阳郡孝廉范逵途经陶侃家,适逢大雪封路,范逵难以前行,便到陶侃家借宿。在湛氏看来,范逵是有名的孝子,道德高尚,有这样的贵人来到家里,真是蓬筚生辉,也可以让陶侃结交这样的君子,获得教益。贵客临门,陶侃家徒四壁,无以待客。无奈之下,湛氏拿起剪刀,剪下自己的头发,让陶侃拿到集市上换得一些酒肉,陶侃又“斫诸屋柱”为薪柴,即把家里房子上的一些柱子砍下来作为柴薪,这样才做好一桌稍稍能拿出来的酒食招待范逵。第二天，范逵告别陶家，继续赶路，陶侃怕范逵雪地里走路不安全，又追送百余里。陶侃的母亲湛氏为了招待好客人，不失礼节，在家徒四壁的情况下，毅然剪下自己的头发，这在中国古代算是惊天之举了。因为在古人看来，发肤身体，父母所赐，不得毁损，这是湛氏把待人礼节看得到高于自己的生命。

由于陶侃读书万卷，精通兵法，被太守范逵荐为县令。陶侃在踏上仕途赴任之际，湛氏把儿子叫到跟前，语重心长地说："侃儿，为娘苦了一世，总算看到你有了出头之日。但望我儿做一个清正之人，不可误国害民。"陶侃临行时，湛氏拿出一个事先准备好的包袱递给他说："带上它吧，到时你就会明白的。"来到官府上任后，陶侃打开包袱一看，只见里面包着一坯土块，一只泥碗和一块白色土布。他先是一怔，过了一会儿，才慢慢领悟到母亲的用意。原来一坯土块是教儿永记家乡故土，一只泥碗是教儿莫贪图荣华富贵，要保持俭朴本色。这一块白色土布，更是教儿为官要尽心恤民，廉洁自奉，清清白白，永不忘本。

母亲的箴告，深深打动了陶侃的心。后来陶侃一生正直为人，清白做官。陶侃在海阳做县吏的时候，恰好监管渔业。孝顺的陶侃念及一生贫居乡间的慈母，心中总觉得内心有些不安。有一次，他趁下属出差顺路之便，嘱托下属带了一坛腌鱼送给母亲。谁知湛氏不仅不领情，还原封不动地将这一坛腌鱼退了回来，并在信中写道："你身为官吏，拿官家的东西回来，不但没有好处，反而会增加我的精神负担啊！"陶侃收到母亲退回的腌鱼和回信，深受感动，愧疚万分。他决心遵循母亲的教导，清白做人，廉洁为官，勤于政事，多为

(陶母封坛退鲊)

国家做有益的工作。

陶侃的酒量很不错,但他每次只喝三杯酒。有一次,有人向他敬第四杯酒时,陶侃说:“先生,对不起,我今天饮酒已经足量了,不能再饮了!”对方很不高兴,旁边的友人说:“将军,今天大家高兴,您应该开怀畅饮,我看得出您有海量!”想不到这时陶侃却哽咽着说:“实在对不起!家母生前曾给我规定:每次饮酒,三杯为限。今天杯数已足,我不能违背家母的禁约!”原来陶侃的父亲陶丹是三国时孙吴的名将,但很早就去世了。陶侃全靠母亲纺纱织布抚养长大,后来得到了浔阳县城一个小小官职。有一次,浔阳县衙举行宴会,陶侃喝得酩酊大醉。酒醒后,母亲一边垂泪,一边责备他说:“饮酒无度,怎能指望你刻苦自励,为国家建功立业呢?”陶侃羞愧难当。母亲要求他保证:从此严于律己,饮酒不过三杯。

二、秉承母教，做一个谦谦君子

由于陶母断发待客，陶侃知书识礼，深得范逵赏识。范逵向庐江太守张夔推荐陶侃，张夔也认为陶侃是个德才兼备的人才，便提拔陶侃为庐江郡督邮，领枞阳令。陶侃从此走出茅屋草舍，由一个草根逐步成长为两晋之际的能臣良吏。东晋初年，陶侃因为卓越的军功，一度身兼荆州、江州二州刺史，都督八州军事，地位之高，权力之煊赫，在东晋一朝也是不多见的。

在陶侃成长的过程中，他一直秉承母亲的教诲，低调做人，踏实做事，严于律己，留下了许多被人们津津乐道的故事。

大约在公元296年，陶侃来到了西晋都城洛阳。西晋时期，这是一个典型的拼爹时代，豪强大族垄断一切政治和社会资源，家族和出身成为人们获取利益的主要工具。"上品无寒门，下品无士族"，士族子弟虽然不学无术，也能凭借自己家族的影响和祖辈、父辈的权力出官入仕。而平民百姓的子女不管如何努力，不管如何优秀，在政治和社会上都是被边缘化的人。出身决定人的命运，拼爹才能有出路。史书记载，晋惠帝即位后，西晋更是"纲纪大坏，货赂公行。势位之家，以贵凌物。忠贤绝路，谗邪得志，更相荐举，天下谓之互市"。这种情况下，陶侃这种出身寒微的人，没有家族可以依靠，没有权门当靠山，在洛阳官场上是站不住脚的。本来没有路，陶侃偏要凭自己的努力去挤出一条生路来。陶侃听说司空张华"性好人物"，便登门求见，张华却"初以远人，不甚接遇"。虽然吃了几次闭门羹，也受到张华的冷遇，但陶侃并不灰心，"每往，神无忤色"，他相信自己总有一天会感动张华的。功夫不负有心人，张华被陶侃锲而不舍的精神打动，约见陶侃后，也欣赏陶侃的品行和才干，便向朝廷举荐了陶侃。陶侃虽然在洛阳立下了脚跟，但他的低微出身，依然被洛阳城中那些达官显贵所轻视。有一次，陶侃与郎中令杨晫同车去见中书郎顾荣，途中遇到吏部郎温雅，温雅很不礼貌地质问杨晫："奈何与小人同载?"出身卑微的陶侃在温雅眼里就是一个让他看不起的"小人"，面对温雅的无礼，陶侃表现出了一个谦谦君子的风度，并没有与温雅争论。

陶侃出身寒微，对农民之苦有切身感受，因此很同情农民的苦难。有一次陶侃外出游玩，看到一个人拿着一把还没有成熟的稻穗边走边玩，陶侃停下脚步问他："你为什么拔了这么多还没成熟的稻穗呢?"那个人说："我走在路上看见的，好玩，便拔了一把来玩玩。"陶侃非常生气，怒斥说："你既不种田，不知稼穑的艰难，还随意毁坏农民的庄稼。"于是陶侃命令把那个人抓起来用鞭子痛打了一顿。从此以后，当地老百姓都知道陶侃惜农重农，春耕秋收，不敢有丝毫懈怠。在陶侃任职的地方，农业生产搞得红红火火，家家生活宽裕，人人丰衣足食。

陶侃很重义。陶侃能够步入仕途，谋得一个好前程，这与庐江太守张夔的提携和帮助分不开。可以说，张夔对陶侃有知遇之恩。有一天，张夔的妻子突然患病，而且病情很凶险，急需赴百里之外去延请医生前来治病。当时正值隆冬，窗外北风呼啸，大雪纷飞，野外白茫茫一片。这样恶劣的天气，谁去请医生呢？张夔的部下面面相觑，露出为难之色。这时，陶侃挺身而出，请求自己冒雪去请医生，表现出了一片忠义之心。陶侃对张夔说："您的夫人就如同我的母亲，哪有母亲生病而儿子不尽孝的。您放心，这大夫，我去请。”陶侃冒雪走了近百里路，请来了医生。陶侃的行为感动了张夔，他认为陶侃是个有担当、有责任、重忠义的人，可堪国家之用，于是举荐陶侃为孝廉。陶侃被举为孝廉后，便可以进入都城洛阳，与上层名流结识，去实现他的远大志向。

陶侃戎马生涯四十余年，一直保持着清廉俭朴的生活作风。由于陶侃位高权重，一些人总想和他套近乎，寻找各种借口向陶侃送礼。对于向他馈赠礼物的人，陶侃首先要问礼物的来路，如果礼物是送礼的人自己花钱买的，礼物虽少，他也高兴地接受，但加倍偿还。若其礼物来路不明，陶侃会对送礼的人严厉斥责，并原封不动地退回礼物。在陶侃的言传身教下，他的部下大多能够廉洁奉公，勤政为民。

史书上记载，陶侃经常让人到造船的地方转悠，看到有木屑和残存不用的竹子都收藏起来，并登记造册，经过一段时间积累，府库里堆积了许多木屑和竹签。人们都认为这些造船余下的下脚料是无用之物，而陶侃都把它收集起来。陶侃要收集这些无用的木屑和竹签做什么呢？后来有一年，皇帝朝会群臣，由于下了好长时间的雪，地面很湿滑，陶侃叫人把存藏的木屑搬出来，撒在地上，防止行人滑倒。等到桓温北伐时，陶侃又把平时收集贮存的竹子拿出来，削成竹钉，用来造船。这时人们才醒悟，原来陶侃做事细密，为了不浪费，节约支出，他废物利用，从来不浪费一针一线。

陶侃做事认真，办事缜密。陶侃曾经做过军队统帅，率军南征北战。他有个习惯，每到一地，都要发动士兵在军营前种植柳树，一是美化环境，二是树木成材后可以作为军用物资。有一次陶侃走到一户人家门口，看到这户人家门前有株大柳树，觉得很眼熟，他停下车马，走近一看，发现这是他多年前在武昌西门前种植的柳树。原来都尉夏施很喜欢这棵柳树，便叫人把这株官柳从地里挖起来，移栽到自家屋前。陶侃把夏施叫到跟前，斥责说："这是武昌西门前的柳树，你为何把它盗来种在这里？"陶侃对夏施这种盗植官柳的行为予以严厉斥责，并要求他在规定时间内把所盗柳树移回原处。

陶侃天资聪敏，做人谦虚谨慎，勤于军政事务，他对当时门阀士族的清谈之风和腐败生活很不满，尤其对于门阀士族及其子弟崇尚清谈，放浪形骸，蔑视礼法以致误国误民的行为十分憎恨。陶侃平日不饮酒，不赌博，当他发现部下有聚赌取乐或饮酒误事的，则命令把酒器、赌具都抛沉于江中。陶侃经常对他人说："大禹是圣人，还十分珍惜时间。至于普通人则更应该珍惜分分秒秒的时间，怎么能够游乐纵酒？活着的时候对人没有益处，死了也不被后人记起，这是自己毁灭自己啊！"陶侃在治理两州政事和八州军事中，虽然政务千头万绪，但他处理起来有条不紊，凡是自己职权以内的事务，无论大小，都要亲自过问和处理。不管是谁给他写信，他都要亲自回复，从不拖沓。凡是有人拜访，不问亲疏远近，陶侃都以礼相待，平易近人，和蔼可亲。

陶侃无论是做人还是做官都是勤勤勉勉，从不懈怠。晋代有个学者叫裴启，他写了一本书《语林》。在这本书中，裴启讲了个故事：陶侃在做广州太守时，每天早晨，他都要把府衙的很多青砖搬到衙门外，天黑了，又把这些青砖搬回府衙内。每天都是如此，从未间断，不知疲倦。陶侃的行为让人们感到很奇怪，有人便问陶侃为何每天要搬砖，做无用劳动。陶侃回答说："永嘉之乱以后，中原地区

（陶侃搬砖）

被少数民族占据，东晋偏安东南，我很心痛，希望有一天能北伐中原，收复故土。但是，我又担心自己斗志松懈了，身体不强壮，等到要我率军北伐中原时，不堪任用，所以现在每天锻炼，强筋健体，又提醒自己中原未复，不可懈怠。”后来，人们便用“运甓”表示一个人不贪图享乐，不恋悠闲，励志勤勉，发奋努力。

陶侃的德性和才干颇为当时人所称赞，有一个叫梅陶的人曾经这样说：“陶公机神明鉴似魏武，忠顺勤劳似孔明，陆抗诸人不能及也。”梅陶把陶侃比作曹操、诸葛亮，虽有些溢美，但也基本符合事实。

三、不为五斗米折腰

《晋书·陶侃传》记载，东晋成帝咸和九年（公元 334 年）六月，陶侃已经 76 岁了，百病缠身，无力再为国家效劳，于是上表请求辞职回家乡养病，并遣人把官印、节传等官物送还朝廷。陶侃离开荆州任所前，凡是军资器仗、牛马舟船等官府物资一一登记造册，并封存在仓库里，经他一一检核后，亲自落锁，将钥匙交专人保管，然后才登船赴长沙。陶侃离任，不带走官府一针一线，公私分明，朝野传为美谈。

陶侃虽然官做得很大，职位也很高，政声卓著，但他生前并没有利用手中的权力给十七个儿子安排职位，而是让子孙凭自己的能力去谋生。如果用世俗的眼光看，陶侃的十七个儿子都平凡普通，与那些凭借父亲和家族势力不劳而获的官二代、富二代完全不同。但这些陶氏子孙个个都能秉承祖训，以陶侃为榜样，低调做人，谨慎处世，过着平淡而又快乐的生活。

陶侃的曾孙陶渊明，少年时就有很高的志向，博学多识，擅长写文章，而且很有个性，不愿与世同流合污，聪颖洒脱，卓尔不群。陶渊明曾经写有历史上著名的文章《五柳先生传》，他借那个喜欢读书、喜欢喝酒、甘于清贫、不慕名利的五柳先生以自比，自娱自乐。

陶渊明虽然家里穷，但他是个远近闻名的孝子，被官府起用并任命为州祭酒，官虽不大，但陶渊明还是不习惯官场上的污浊和种种“潜规则”，很快就弃官回家了。不久，州郡又征召他担任主簿，陶渊明也没有接受，而是在家里耕种土地，自给自足。当时江州刺史檀道济久慕陶渊明的名望，路过浔阳（今江西九江境内）时顺便去探望他。檀道济来到陶渊明家时，陶渊明家徒四壁，已断炊多日，陶渊明也卧床挨饿好几天。檀道济看到此情此景，很是心痛，劝慰陶渊

（江西九江陶渊明纪念馆内归来亭）

明说："贤人处世，朝廷无道就隐居，政治开明就出来做官，如今你适逢开明盛世，为什么自己如此糟踏作贱自己呢？"陶渊明回答说："我怎么敢充当贤人，我的志向比不上他们。"檀道济临别时送给陶渊明一些粮食和肉，但被陶渊明拒绝了。

晋安帝义熙二年（公元406年），陶渊明在闲聊中对亲戚朋友说："我打算当一个小县的县令过隐居的生活，可以吗？"朝廷听说后，便调任他当家乡附近的彭泽县令，这一年，陶渊明已经41岁。陶渊明不带家眷，一个人赴任。临走前，陶渊明雇了一个长工给他的儿子，帮助打理农活。临行前，陶渊明告诫自己的儿子说："你每天的用度，要自给自足，现在雇一个长工给你，帮助你砍柴打水。他也是别人的儿子，你要善待他，不得以主人的身份欺负人。"

这年年底，有一天下午，陶渊明办完公事，换上便衣，回到内衙静心翻看自己过去写的诗。突然一名县衙小吏进来禀报说，浔阳郡太守派遣督邮刘云要来彭泽县检查公务。浔阳郡督邮刘云以凶狠贪婪闻名远近，每年两次以巡视为名向所辖县区索要贿赂，每次都是满载而归。如果稍有得罪，刘云便会罗织罪名，栽赃陷害。刘云这次来到彭泽县，很是骄横傲慢，他一到彭泽县的驿馆，就命县令陶渊明前来拜见他。陶渊明虽然蔑视功名富贵，不肯趋炎附势，对刘云这种狐假虎威的人很是瞧不起，但出于官场的规则，也不得不去见一见郡上派来的督邮刘云。陶渊明听到通报，便马上动身，要前去驿馆。不料县吏却拦住陶渊明，说："大人，参见督邮要穿官服，并且束上大带，不然有失体统，督邮会乘机大做文章，这对大人是不利的！"生性耿直的陶渊明本来已十分厌倦官场上那些虚伪的形式和黑暗的风气，现在又听说这个督邮是本县的富豪，靠吹牛拍马得到太守喜欢，竟然还成了自己的顶头上司，还要自己穿着官服去隆重迎接他。想到这里，陶渊明很气愤，他愤然说道："我不愿为五斗米的俸禄去向一个低能无知的小人献媚弯腰！"说罢，他取出知县的印信交给小吏，交代说："你把这些官印交给督邮转呈太守，就说我陶渊明不当这个知县了，要回家种地去。"陶渊明说罢便收拾行装，昂然走出县衙，归隐南山之下。

陶渊明不为五斗米折腰，辞官归隐后，虽然日出而作，日入而息，但生活过得很是清贫。史书上说，这时的陶渊明家"环堵萧然，不蔽风日，短褐穿结，箪瓢屡空"，意思是说，陶渊明的房子是破的，穿风漏雨，所穿的衣服也很粗陋破旧，而且经常断炊，无米下锅。大概受家风的影响，陶渊明的妻子翟氏对于这样贫苦的生活没有怨言，而且很支持陶渊明不为五斗米折腰，史书上说她和陶渊明"志趣亦同，能安苦节。夫耕于前，妻锄于后"。

陶渊明不为五斗米折腰的故事在中国流传甚广，他清风高节，淡泊名利，乐于结交志同道合的朋友，这种精神与陶母"交贤德之士”的教导一脉相承。下面我们一起来温习一下陶渊明的《归去来兮辞·并序》：

余家贫，耕植不足以自给。幼稚盈室，瓶无储粟，生生所资，未见其术。亲故多劝余为长吏，脱然有怀，求之靡途。会有四方之事，诸侯以惠爱为德；家叔以余贫苦，遂见用于小邑。于时风波未静，心惮远役，彭泽去家百里，公田之利，足以为酒，故便求之。及少日，眷然有归欤之情，何则？质性自然，非矫厉所得。饥冻虽切，违己交病。尝从人事，皆口腹自役。于是怅然慷慨，深愧平生之志。犹望一稔，当敛裳宵逝。寻程氏妹丧于武昌，情在骏奔，自免去职。仲秋至冬，在官八十余日。因事顺心，命篇曰《归去来兮》。乙巳岁十一月也。

译成白话是这样的：

我家贫穷，种田不能够自给。孩子很多，米缸里没有存粮，维持生活所需的一切，没有办法解决。亲友大都劝我去做官，觉得很中听我心里也有这个念头，可是求官缺少门路。正赶上有军阀之间发生战争，地方大吏以爱惜人才为美德，叔父也因为我家境贫苦（替我设法），我就被委任到小县做官。那时社会上动荡不安，我有些惧怕到远地当官。彭泽县离家一百里，公田收获的粮食，足够造酒饮用，所以我就请求去那里。等到过了一些日子，我内心的怀乡之情便油然而生。为什么呢？本性任其自然，这是勉强不得的；饥寒虽然来得急迫，但是违背本意去做官，身心都感痛苦。过去为官做事，都是为了吃饭而役使自己。于是我惆怅感慨,深深有愧于平生的志愿。仍然希望任职一年,我便收拾行装连夜离去。不久,嫁到程家的妹妹在武昌去世,我去吊丧的心情像骏马奔驰一样急迫,自己请求免去官职。自立秋第二个月到冬天,在职共80多天。因辞官而顺遂了心愿,我写了一篇文章,题目叫《归去来兮》。这时候正是乙巳年(晋安帝义熙元年)十一月。

附录一:资料摘编

【1】侃在州无事,辄朝运百甓于斋外,暮运于斋内。人问其故,答曰:"吾方致力中原,过尔优逸,恐不堪事。"其励志勤力,皆此类也。

——房玄龄《晋书》卷六十六《陶侃传》

【译文】陶侃在广州,闲时总是在早上把一百块砖运到书房的外边,傍晚又把它们运回书房里。别人问他这样做的缘故,他回答说:"我的志向在于收复中原失地,过分的悠闲安逸,唯恐难担大任。"他就是这样劳其筋骨,以励其志。

【2】陶公少时作鱼梁吏,尝以坩鲊饷母。母封鲊付使,反书责侃曰:"汝为吏,以官物见饷,非唯不益,乃增吾忧也。"

——刘义庆《世说新语·贤媛第十九》

【译文】陶侃年轻时曾任管理渔业的小官。一次,他命人把一坛腌鱼赠送给母亲。母亲将腌鱼封好交给送来的人,并且回信责备陶侃说:"你身为官吏,把官府的物品赠送给我,这样做不仅没有好处,反而增添了我的忧愁啊!"

附录二:后人评说

【1】陶公虽用法,而恒得法外意。

——房玄龄等《晋书》卷六十六《陶侃传》

【译文】陶公虽然是用法,但是却总是理解法外的意思。

【2】尚书梅陶与亲人曹识书曰:"陶公机神明鉴似魏武,忠顺勤劳似孔明,陆抗诸人不能及也。"

——房玄龄等《晋书》卷六十六《陶侃传》

【译文】东晋时期尚书梅陶给自己的亲戚曹识写信,在信中梅陶说:"陶侃机神明鉴像曹操,忠顺勤劳像诸葛亮,当下名人陆抗,无论是为官还是为人,都比不过陶侃。"

【3】江东立国,以荆、湘为根本,西晋之乱,刘弘、陶侃勤敏慎密,生聚之者数十年,民安、食足、兵精,刍粮、舟车、器仗,旦求之而夕给,而南宋无此也。

——王夫之《读通鉴论》卷十三《明帝》

【译文】在江南建立政权,其上游的荆州、洞庭湖地区战略地位十分重要。西晋立国后,内乱不断,外患丛生,刘弘、陶侃等镇守荆、湘地区时,勤于政事,处事周密,荆、湘地区社会安宁,人民安居乐业,物产丰饶,兵精粮足,成为国家粮食、舟车、器仗的重要供给地和稳固的大后方,南宋就没有这样的保障物资供应的大后方。

【4】古之人有行之者,陶侃、克林威尔(克伦威尔)、华盛顿是也。陶侃运甓习劳,克将军驱猎山林,华盛顿后园斫木。盖人之神也有止,所以瘁其神也无止,以有止御无止则殆。圣人知之,假是以复其

神，使不痹也。

——《毛泽东早期文稿·致萧子升信》(1915 年 9 月 6 日)

【5】陶侃是一代名将，在东晋的建立过程中，在稳定东晋初年动荡不安的政局上，他颇有建树。他出身贫寒，又是江南的少数民族，在西晋风云变幻中，竟冲破门阀政治为寒门入仕设置的重重障碍，当上东晋炙手可热的荆州刺史，且颇有治绩。他是颇具传奇色彩的人物。《晋书》《世说新语》等史书中，记载着不少有关他的遗闻逸事。他还是个有争议的人物，赞扬的，贬斥的，以及为他辩诬的人都有。

——白寿彝《中国通史》第五卷

附录三:网上知识链接

【陶公山】晋都陶侃故居，又称陶公山，位于湖南省湘潭市市区石嘴垴。陶侃曾在山上建有小茅屋，并在周围开荒种菜。茅屋的前左侧有块洼地，积雨水而成池，是陶侃饮用取水的地方。因常有猫儿在池边捕捉小鱼，故名“猫儿池”。茅屋后面的小山沟上有石砌小桥，后人称为“陶公桥”，后被毁。陶公山临湘江一面都是红砂石岩，石峰隆地向湘江伸展，宛如壶嘴，故名“壶山”，俗称“石嘴瑙”，从远处眺望伸向湘江的石嘴上颌，形态壮丽，好像怒吼的雄狮，俗称“狮子口”。石山嘴上有株碧梧，梧桐树后面便是陶侃的衣冠墓和墓房前的小花园。

【陶侃墓】陶侃墓庐位于壶山西南临江处，此地最早建陶侃衣冠墓于晋代，现重建于 1921 年，原占地 4 亩，由墓庐、守园屋、墓及小花园等组成。1959 年陶侃墓庐的陶侃墓被公布为市级文物保护单位，1982 年被列为市级文物重点保护单位。其他设施与地基则被房管所、自来水厂和居民住宅所占。

【射蟒台】射蟒台位于湖南省长沙市天心区古潭街白鹤观，传说为东晋名将陶侃设台射蟒处。古时长沙岳麓山有一巨蟒，常浮悬空中双眼为灯，吐舌为桥，吞食生民。陶侃镇长沙时，乃于白鹤观筑台，操弓射灯，杀死蛇妖。

第五章　“三益堂”里教子孙

——沈约清心俭朴家风

一、小山村里的“三益堂”

在岁月的磨蚀和现代化的冲击下，“狗吠深巷中，鸡鸣桑树巅”的中国传统自然村落或破败，或被一栋栋钢筋水泥浇筑的楼房取而代之，再难见到袅袅炊烟，也找寻不到乡村应该独有的那份闲适清静。但是，在浙江金华和义乌的交界处的傅村镇有一个古朴的村落，灰墙青瓦，幽幽石径，蜿蜒流水，沉淀了斑斑驳驳的历史沧桑，这就是已有500年历史的山头下村。因为这座古村落保存完好，文化底蕴深厚，2010年被列为中国历史文化名村。山头下村因背后有一座小山，村子建在山下而得名。山头下村虽然村名普通而平凡，但南朝名宦沈约的子孙世世代代就生活在村落里。

山头下村中间有一座沈氏宗祠，房子虽然有些老旧，但屋子被收拾得干净利落。宗祠共有三进三间，神龛上摆放着祖宗牌位，供奉着南朝时期的文学家、史学家沈约。村子里的人说，大约在500年前，也就是在明代宗景泰年间（公元1450—1456年），沈约的第三十一世孙从义乌迁徙到这里。数百年来，沈约的子子孙孙继承祖上遗风，制定家规家训，在这座村落里日出而作，日入而息，生息繁衍，小山村风气纯朴，乡民生活宁静祥和。村中一栋最重要的建筑就是“三益堂”，这栋“三益堂”始建于清代，至今保存完好。“三益”来源于《论语·季氏》，孔子曰：“益者三友，损者三友。友直，友谅，友多闻，益矣。友便辟，友善柔，友便佞，损矣。”孔子说的是一个人的交友之道，意思是说一个人有三种有益的朋友，也有三种有害的朋友。同正直的人交朋友，同诚实的人交朋友，同见多识广的人交朋友，这是有益的。同阿谀奉承的人交朋友，同当面恭维、背后诽谤的人交朋友，同花言巧语的人交朋友，这是有害的。

（中国历史文化名村山头下村“三益堂”）

东晋将军苏浚在《鸡鸣偶记》中按不同的交往方式把朋友分成四种类型：一是道义相砥，过失相规，畏友也；二是缓急可共，生死可托，密友也；三是甘言如饴，游戏征逐，昵友也；四是利则相攘，患则相倾，贼友也。苏浚的意思是真正的朋友之间能相互帮助，相互勉励，能及时地指出对方的错误，对对方的错误能提出尖锐的批评，并帮助对方改正错误，弥补不足，这就是畏友。当朋友需要帮助时，能伸出友谊之手，挺身而出，鼎力相助；当朋友落难时，以不惜牺牲自己的一切为代价，把朋友救出困境，这就是密友。那些凑在一起谈着吃喝玩乐，开着一些下流玩笑，说着一些互相恭维奉承的话，以酒肉为交往基础的朋友，这是昵友，也就是人们常说的酒肉朋友。这种人有酒有肉是朋友，无酒无肉就分手。还有一些人是臭味相投，结成死党，合伙干些不法勾当，而一旦分赃不均，就大动干戈、互相残杀，这种朋友就是贼友。

沈约的子孙取《论语》中孔子所说的“三益”之义建造“三益堂”，就是要教育沈氏宗族的子孙们真正学会交友，明道义、懂事理，做到言而有信。“三益堂”正门条石砌基，青砖叠墙，青石门框下雕有如意元宝图案，门上的横匾上书“积厚流光”四个大字，遒劲有力。

二、被一颗栗子吓死的才子

沈约（公元441—513年），字休文，吴兴武康（今浙江德清西）人。据史书记载，汉代以来，武康的沈氏家族是江东有名的豪强大族，有“江东之豪，莫强周、沈”之说。沈约的祖父沈林子做过南朝宋政权的征虏将军。父亲沈璞，官至淮南太守。沈璞在宋文帝元嘉末年因刘宋皇族争权内斗被卷入其中。沈璞因个人感情效忠于弑父自立的太子刘劭，被起兵讨逆的宋孝武帝刘骏诛杀，沈约家境因此衰落。因为父亲被杀，13岁的沈约作为罪臣之子，孤贫流离，境况很凄惨。据说沈约年少时，家里穷得揭不开锅，万般无奈之下向村子里同宗的族人讨点米度日。虽然同宗的族人极不情愿地给了沈约一些米，但出言不逊，言语中对沈约有轻蔑和侮辱之意。沈约十分气愤，宁可挨饿，也不要这有损人格的施舍，他把族人给的米倒回粮仓后，甩手而去。后来沈约出官入仕，身份显贵了，家里也不缺吃，不少穿。在自己最困难的时候受到族人的轻侮，但沈约胸襟开阔，以德报怨，还以合理合法的程序提拔这个同宗族人用为郡部传。

沈约家里虽然贫苦，但他穷不失志。从小时候起，沈约笃志好学，博览群书，而且很擅长写作诗文。据说，沈约白天读的书，夜间一定要温习，母亲担心他的身体支撑不了，在劝说无效的情况下，只好减少他的灯油，早早撤去取暖的火，逼迫沈约休息。沈约既聪明，又刻苦，往往白天读过的书，晚上就能全文背诵出来，学习效率很高。

南朝齐武帝萧赜的次子萧子良很喜欢文学，而且在诗文创作方面也有一定造诣，他对做官兴趣不大，但喜欢写文章，喜欢与文人交往，萧子良利用皇子的身份招贤纳士。萧子良在当时齐国都城建康（今江苏南京）鸡笼山修建了一座古朴典雅的西邸，经常把当时颇有名气的文人范云、萧琛、任昉、王融、萧衍、谢朓、沈约、陆倕请到西邸吟诗作文，相互唱和，这八个人即历史上有名的竟陵八友（或称西邸八友）。

在文学戏曲中有古代四大风流韵事，这四大风流韵事是韩寿偷香、相如窃玉、张敞画眉、沈约瘦腰。“沈约瘦腰”出自《梁书·沈约传》，亦见于《南史·沈约传》。据史书记载：沈约想当宰相，大臣们都觉得他很合适，但与沈约关系很好的梁武帝却始终不同意。沈约知道自己要么是得罪了梁武帝，要么是梁武帝对自己有所猜忌，当宰相看来是没有希望了，于是，沈约就请求外调，离京去外地做官，梁武帝却不答应。沈约留也不是，走也不是，心灰意冷，终日闷闷不乐。沈约这时想辞官，告老还乡，做个乡野村夫，但又担心招致梁武帝更大的不满。极度苦闷的沈约提笔给自己的好朋友徐勉写了一封信，沈约在信里说：自己年老多病，腰变细了，裤带常常要缩紧，手臂每月要缩小半分，朝廷已不适合再待下去了，希望能告老还乡。沈约说自己的腰瘦，本来是说自己心情不好，身体有病，病体消瘦，本来与“风流”没有一丁点关系。不知何时，在文学和戏曲里，尤其在一些艳情小说中，“沈约瘦腰”变成了四大风流韵事之一，并用来指称男女因相思不得，形容日渐消瘦之状。南唐著名词人李煜词中有“沈腰潘鬓消磨”一句，“沈腰”指的便是沈约。后来，明代诗人夏完淳也有“酒杯千古思陶令，腰带三围恨沈郎”的诗句，这其中的瘦腰男子指的就是沈约。

沈约既有才，又风流倜傥，在萧子良的西邸的文人唱和中，与萧衍很投缘，也结下了深厚的友谊。萧齐末年，齐和帝萧宝融在位，手握大权的萧衍开始觊觎皇位，但又要故作姿态，不想留下篡逆的骂名。沈约读懂了萧衍的心思，决定和范云一起，充当萧衍夺权的总策划和操盘手。沈约带头劝进，拟写即位诏书，按拥戴功劳大小设官分职，为萧衍夺权做足了准备。公元502年，在萧衍的逼迫下，齐和帝萧宝融不得不把皇位交给了萧衍。萧衍实现了改朝换代，即历史上有名的梁武帝。

沈约才华横溢，但做人还是很谨慎低调。沈约不喜欢喝酒，也没有什么嗜好，他的官位很高，地位显赫，生活却非常朴素，处事低调，每次被加官进爵，沈约总是推辞再三。沈约一直战战兢兢，勤谨为官，还是不能免祸。常言说得好，伴君如伴虎，沈约因为几次说话不合梁武帝的胃口，引起梁武帝的不满。有一天，沈约在宫廷侍宴，正好豫州地方官向朝廷进献了新鲜栗子。梁武帝一时兴起，想活跃一下气氛，于是便与沈约比试一下谁肚子里有关栗子的典故多。沈约有些受宠若惊，但还懂得分寸，心想自己再博学，风头也不能盖过梁武帝，虽然自己知道有关栗子的典故很多，但为了照顾梁武帝的面子和皇帝的尊严，就故意比梁武帝少写了三个典故。宴会结束后，圆滑世故的沈约有些得意忘形，在和一个大臣闲聊时说了一句很犯忌的话。沈约有些得意地对这位大臣说：“那天宴会上和梁武帝比试栗子的典故，如果不是我让着武帝，恐怕他会羞死。”没想到，沈约这么随口说的一句话马上就被这个同事举报到梁武帝那里，梁武帝闻之大怒，欲治沈约的罪，好不容易才被沈约的朋友徐勉劝谏下来。事情虽然过去了，但沈约和梁武帝之间的感情裂痕已经产生，而且再也无法弥合。一直和梁武帝亲密无间的沈约突然被梁武帝冷落和忌恨，他感到很害怕，也很失落和忧郁，终于病倒了。忧惧交集中的沈约于公元513年在抑郁中病逝，享年72岁。沈约死后，朝廷有关部门为其拟了谥号曰“文”，但梁武帝不同意，夺“文”赠“隐”，并解释道：“怀情不尽曰隐”，所以沈约死后的谥号为“隐”，世称“梁隐侯”。

三、清心俭政

沈约虽然少年孤贫，没有依靠，但凭自己的聪明和努力，受到郢州刺史蔡兴宗的赏识和任用，步入仕宦生涯。虽然南朝宋、齐、梁三朝频繁更迭，但沈约在宦海中闲庭信步，历仕三朝。在梁武帝夺取萧齐政权后，沈约因拥戴有功，被梁武帝援为亲信，任命为尚书仆射，封建昌县侯，邑千户。沈约为官勤政廉洁，造福一方。据《金华志》中的史料记载，早在萧齐隆昌元年（公元494年），沈约在东阳郡太守任上，兴修水利，发动百姓对婺江河道进行疏浚，消除水害。工程竣工以后，婺江两岸雨不涝，晴不旱，两岸良田沃野，年年丰收。为了纪念这个惠民水利工程，老百姓在婺江边修建“玄畅楼”。玄畅楼设计成宝塔状，以应“宝塔镇河妖”的谚语，玄畅楼既可降伏婺江水患，又可让老百姓在闲暇时登楼远眺。沈约在公务之余，常常登楼揽胜，睹物抒怀，一时诗兴大发，创作《玄畅八咏》。这八首诗，沈约以诗明志，以诗抒怀，表达了他“清心矫世浊，俭政革民侈”的施政理想和人生愿望。后人为了纪念沈约，将“玄畅楼”更名为“八咏楼”。

（浙江金华“八咏楼”）

沈约治学一丝不苟，是中国古代杰出的史学家和文学家。南朝齐永明五年（公元487年），沈约任太子家令兼著作郎，奉诏撰修《宋书》。沈约参考南朝宋代何承天、苏宝生、徐爰等人修撰的《宋书》及其他记述宋代历史的书籍，增补宋末十几年的史事，只用了一年时间，次年二月就完成《宋书》的本纪和列传部分，后又续修了《宋书》的八志。《宋书》文风清逸，除了具有较高的史学价值之外，还具有相当高的文学价值。沈约在诗歌方面也有很高的造诣，他首创“四声八病说”，开创的“永明体”使中国诗歌开始由古体诗向近体诗转变，他本人的诗歌作品《悼亡诗》是中国诗歌史上著名的四首悼亡诗之一。

沈约修身律己，积极有为，承续了对传统儒家文化的坚守。《梁书·沈约传》中说沈约生活很俭朴，从来不喝酒，清心寡欲，得不骄，败不馁。贫穷时不失志向，显达时也不骄狂。沈约在郊野修建了一所简陋的宅院，远离都市喧嚣，完全融入大自然之中。沈约才华横溢，历史地位尊崇，政声清白昌隆。有这样一个满满正能量的祖先，让沈约的子子孙孙都感到自豪。同时，沈约的自律和清廉也是沈氏后人学习的榜样。沈约的子孙继承他的荣光和清名，并发扬光大，把沈约的言行进行提炼和概括，写成了有名的《沈氏家训》和《禁嫖赌略言》，为沈氏家族的兴旺发展提供了文化根系、精神支柱和行为规范。

《沈氏家训》首先用39个字确定了沈氏家族必须遵守的13条原则，即孝父母，敬长上，敦友于，正内外，和乡族，率勤俭，禁游惰，革奢侈，惜孤寡，养贤才，尊师道，戒仆从，务耕读。这39个字，文字简洁精练，浅显易懂，容易诵读，而其中的内容又很深刻，它把儒家思想的精髓和沈约以来沈氏祖先的家教融合在一起。《沈氏家训》中这13条规定是每个沈氏家族成员必须遵守的，其具体内容在每一句总纲后面做了深入细致的阐述，告诉家族成员哪些事可以做，哪些话可以说，哪些事不能做，明明白白，清清楚楚，没有套话空话，说的都是实实在在的立身处世的道理。沈约在《玄畅八咏·被褐守山东》中说他志向是“清心矫世浊，俭政革民侈”，我们不难看出，《沈氏家训》就是沈约清心、俭政的条文化和具体化。正如林家骊先生所言，《沈氏家训》有两个立足点，一是清心，二是俭政。这在沈约自己的“八咏诗”中也有表述。清心，主要是淡泊明志，讲求慎独，去除浮躁和浑浊，也就是守住自己的内心。俭政的核心是俭，勤俭加简单朴素，也就是政清人和，当官做人不要追求华而不实、劳民伤财、奢靡过度、远离民生的花架子。家训的每一句都是严格要求的，比如

"率勤俭,禁游惰,革奢侈,戒仆从",几句话就把要求讲清楚了。清心与俭政也是相辅相成的,在古代家训里面比较通用,但是沈氏的提法比较成系统、有特色,在表述上三五成句且琅琅上口,让人感到耳目一新。《沈氏家训》总的指导思想就是淡泊明志、俭以修身,《沈氏家训》等于是沈氏家族的一部"诫子书"。

除此之外,针对社会上一些不良现象,为提高沈氏家族成员对这些不良风气的免疫力,沈氏家族还根据家族管理的实际制定了《禁嫖赌略言》。通过摆事实、讲道理,阐明嫖和赌的危害,严禁沈氏子孙进入赌场和烟花柳巷。

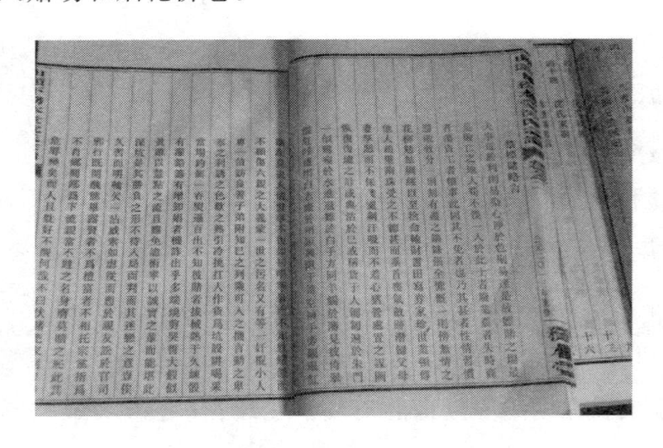

(《禁嫖赌略言》书影)

沈约是一位历史文化名人,也是一位好家长。他提倡俭政,反对奢侈腐败的世风。他心胸豁达,宠辱不惊。沈约很节俭,一生粗茶淡饭。郢州刺史蔡兴宗对沈约的评价很高,他告诫自己的儿子说:"沈约道德高尚,是人伦师表,你们都要以他为学习的榜样,以他为师,一定会受益多多。"正是沈约的言传身教和严厉的家规家训,其子沈旋在萧梁时期也成为朝廷倚重的高官,曾任中书侍郎、永嘉太守、司徒从事中郎、司徒右长史。沈旋生活也很俭朴，从来不吃肉，只吃蔬菜粗粮，在各个职位上，都以清正廉洁闻名。

沈约第42代孙沈鹤令，曾任清朝地方粮库的监理。有一年，山头下村遭遇水涝，村民们几乎颗粒无收。沈鹤令回老家探望母亲，很多乡邻都以为他会带回几袋粮食，纷纷到村口迎接。出乎意料的是，沈鹤令只背了一个行囊，里面只是一些换洗的衣物，而那一把雨伞，还是当年从老家带去的旧伞。

（仁寿桥）

四、泽惠后世

山头下村中有一条河流，名曰“潜溪”。潜溪之上有座石板桥，桥身刻有“仁寿桥”三字，其下又刻有“沈感卿造”等字样。原来村中这条河，虽然波光潾潾，鱼虾游行，是村中一景，但它也阻断了河流两边的往来，村民们要过河，得靠渡船摆渡，很是不便。道光二十一年（公元1841年），沈约第41代孙沈感卿已经80岁了，他的子女们正在筹备一个庆贺老人八十寿诞的寿宴。沈感卿老人知道后，向子女们表达了他的一个愿望，他对子女们说：我不想举行寿宴，我想把贺寿的银两捐献出去，在潜溪上为村里造一座桥，方便乡亲过河。子女们十分赞同老人的想法，并积极筹备建桥。然而遗憾的是，沈感卿老人没有等到桥梁建成那一天，他在临终前再次叮嘱后辈们一定要完成他的这一心愿。道光二十三年（公元 1843 年），沈感卿后人凑足造桥所需银两，建造了这座长约 15 米，宽 1.5 米的 3 孔石墩桥，完成了老人的遗愿。为了纪念这位“私财不吝而公奉必约”的贤者，乡亲们将此桥命名为“仁寿桥”。

沈氏家族的仁义家风被子孙们代代传承。山头下村沈锦禄还只有 18 岁就独自外出闯荡，经历风雨后小有成就，衣锦还乡。回到家乡后，沈锦禄留在村里，当了村主任。一直让他挂心的，就是村里那条沙子路，“晴天一身土，雨天一身泥”，他总想着有一天能凭自己的努力改变。2001 年，沈锦禄的母亲 80 大寿，家里也想大操大办一场寿宴，可看着村中道路破旧不堪，沈锦禄心里着实不好受。沈锦禄对家里的人说：“我打算不为母亲举办寿宴，想用这笔钱为村里修一条像样的路。”沈锦禄的想法得到了母亲和家人的一致支持。就这样，山头下村里有了永安街和永进街。

山头下村的人说，村里一桥一路，饱含着沈氏家族的仁义家风。山头下村虽小，但是个人杰地灵之地，村中出过不少名人。比如参与研发我国第一颗原子弹的沈堂旺，参与第一艘核潜艇研制的沈才根，在抗美援朝战斗中担任飞行员的沈斌翰，都是从这个村庄里走出去的。“村子出过名人和高官，但从没出过贪官。”山头下村沈锦禄老人很自豪，在他看来，这和《沈氏家训》的传承有关。

附录一:资料摘编

【1】(沈约)与徐勉素善,遂以书陈情于勉曰:"……百日数旬,革带常应移孔,以手握臂,率计月小半分。以此推算,岂能支久?"

——姚思廉《梁书》卷十三《沈约传》

【译文】沈约与徐勉一向交好,于是写书信告诉徐勉:"……过不了百天数旬,腰带就要移孔了,用手握臂,大概一个月小半分。照这样下去,恐怕是支撑不了多久了。"

【2】既而流寓孤贫,笃志好学,昼夜不倦。母恐其以劳生疾,常遣减油灭火。而昼之所读,夜辄诵之,遂博通群籍,能属文。……济阳蔡兴宗闻其才而善之。兴宗为郢州刺史,引为安西外兵参军,兼记室。兴宗常谓其诸子曰:"沈记室人伦师表,宜善事之。"

——姚思廉《梁书》卷十三《沈约传》

【译文】此后,他长期流寓他乡,过着孤苦贫困的生活,但他志向坚定而且热爱学习,日夜勤学不倦。他的母亲担心他因为太劳累而生出疾病,时常减少灯油熄灭灯火,使他早睡。而(沈约)白天所诵读过的文章,晚上就能够背诵,于是精通众多典籍,能够写出很好的文章。……济阳蔡兴宗听说了他的才能很赏识他。蔡兴宗任郢州刺史后,引荐沈约为安西外兵参军,兼任记室(官名)。蔡兴宗曾经对他的几个儿子说:"沈约是为人师表的楷模,你们应该好好地向他学习。"

【3】父母之恩重等天地。凡为子者,无论定省温清,服劳奉养在所当尽。如因心之色惟疾之忧,继志述事之类种难具指,然要皆人

子所当，曲体而躬身者也。或有不顺悖逆之辈，朔望会众，拘祠责治毋纵。

——《沈氏家训·孝父母》

【译文】父母的恩情就像天地一样重大。作为子女，不管是早晚向父母问安，还是冬天使他们温暖、夏天使他们凉爽，服侍效劳、侍候赡养都应当竭尽全力。他们心里面的害怕和对疾病的担忧，继续先人的志向和事业等种种难以具体指明的事情，做子女的都应当亲自去过问、躬身践行。如果有悖逆此理的人，等到初一、十五集会的时候，应该押到宗祠严厉惩治，不能纵容。

【4】子孙须恂恂孝友，温良谨厚。见尊长坐必起，行必后，应对必以名，有问必以告以实。子孙不许沉酣杯酌，喧哗歌舞，不顾尊长。若奉延宾客，虽雅歌投壶，亦诚悫端肃，不必强人以酒，失容失德。

——《沈氏家训·敬长上》

【译文】为人子孙要孝顺友爱，温顺善良，恭谨敦厚。见到尊长，坐下必当起立，走路应该走到长辈的后面，应对长辈定要合乎名分，诚实地回答长辈的问题。子孙不许沉迷饮酒、纵情歌舞，目无尊长。如果接待客人，即使有歌唱和投壶这些娱乐节目，也应该真诚肃谨，不应该强迫别人喝酒，从而有失自己的德行仪态。

【5】乡比屋而居，交接既密，则衅窦易开，稍有不和便成吴越。安在缓急相济而处同乡也。勉之。吾族众多往往，争论最失和气。复有一等不肖，扛帮挑衅，构人成仇不解，深可恶焉。为子孙者最宜辨省，毋为所惑，以伤祖宗一本之义。

——《沈氏家训·和乡族》

【译文】乡邻挨着屋而居住，接触频繁，容易产生争端，稍有不和就容易成为吴国和越国那样的仇人。平安度日的方法是，不论乡里何人，只要遇到困难，不管缓急，都要进行帮助，努力吧。我们的家族人数众多，彼此争吵最容易失去和气。而最没有出息的就是帮人抬杠挑衅，导致家人成仇人，这是多么可恶啊。作为子孙最应该辨认反省，不要为其所迷惑，以致损伤祖宗同源的道义。

【6】寡妇孤儿最宜存恤，使幼有所长而节得以全。或贫弱不能自理，亲族量分资给。本祠亦宜破格助补，以昭仁慈。

——《沈氏家训・惜孤寡》

【译文】寡妇孤儿最应该受到体恤和救济，使年幼者可以顺利成长，节义之人得以保全。有贫困潦倒的人，亲人应该量力资助。本宗祠也应该帮助他们，以彰显仁慈之心。

【7】勤俭二字，最是作家之道。勤则有以开财之源，俭则有以节财之流。故为男子者，虽素承富贵，必当夙兴夜寐，如稼穑艰难。为妇女者，虽高门贵族，亦必躬亲纺绩，修箕箒职业。一切衣食之类，务宜适中。不得斗罗绮之靡，逞口腹之欲。凡在家长，须时严训诲庶，家道兴而礼义出也。

——《沈氏家训・率勤俭》

【译文】“勤俭”两个字是持家最好的方法。勤劳能开辟获取钱财的途径，节俭可以节约开支。男人即使继承了家里的富贵，也应当早起晚睡，艰苦地进行春种秋收。作为妇女，即使是出身名门望族，也应该亲自纺丝缉麻，编织畚箕和扫帚。所有穿衣、吃饭的用度，都应该适中，不去攀比吃穿的好坏。凡是家长应当时时教诲子孙这个道理，只有家道兴盛，礼节道义才会显现出来。

【8】本族宴会，竞习奢靡，甚非所以存节俭、计长久也。今拟族宴止许五味不得过，为繁华破格者罚。

——《沈氏家训·革奢侈》

【译文】本族的宴会竞相养成了奢侈风气，这不符合提倡节俭、长久发展之道啊。现今准备家族里的宴会，菜肴不能太铺张，太繁华奢侈要受到惩罚。

【9】贤才系国家梁栋，盖合族之人文也。凡读书者，春冬朔望俱听，入祠会课，本祠俱有支给。艺佳者另赏笔墨，进学者给与花红，示劝贤培国器也。

——《沈氏家训·养贤才》

【译文】才智出众的人是国家的栋梁，也是整个家族中的礼乐教化的代表。但凡读书人春冬朔望都来宗祠听课的，宗祠都会给与补贴。学习好的，另外还有笔墨资助，学问有长进的给予奖赏，显示我族劝勉族人向贤人看齐，培养国家栋梁之心。

【10】古者人生八岁入小学，教以洒扫应对进退，礼乐射御书数之文。十五入大学，教以穷理尽性修己治人之道。圣贤法度之言，经常之语具载方策，学则得之，不学则失之。故子孙须教读书知礼，不失为人之道。衣冠大族，皆始于此。毋得惜小费以妨大计。

——《沈氏家训·务耕读》

【译文】古人八岁进入小学，被教授洒水扫地、应对进退和关于礼乐射御书数等的文章。十五岁入大学，被教授穷究天地万物之理与性以及修己治人的道理。圣贤有关法律制度的言论和经常用的话语都写在书上，学了就知道了，不学就错过了。所以应该教子孙读书明礼节，懂得做人的道理。高官大族都是这么开始的，不要吝惜小钱而妨碍家族长远之计。

【11】子孙有等不肖，好饰仪容，不事耕读，专务博弈渔猎，结党横行……有蹈此者，父兄不戒，则责父兄；本身不悛，则责治本身。

——《沈氏家训·禁游惰》

【译文】子孙中有一些人很不争气，喜好装饰仪容，不从事耕稼读书，只喜欢赌博、钓鱼、打猎这些游玩之事，交结损友、横行乡里……有此行为的人，父兄不惩戒的就责备父兄；自己不改过的就惩罚其自身。

附录二：后人评说

【1】沈记室人伦师表，宜善事之。

——姚思廉《梁书》卷十三《沈约传》

【译文】沈约是人伦师表的楷模，应该好好向他学习。

【2】高祖召范云谓曰："生平与沈休文群居，不觉有异人处；今日才智纵横，可谓明识。"

——姚思廉《梁书》卷十三《沈约传》

【译文】高祖召见范云，对他说："我平时和沈约相处，不觉得他有什么过人之处；今日他聪明睿智的言论，可谓是真知灼见。"

【3】陈吏部尚书姚察曰："……至于范云、沈约，参预缔构，赞成帝业；加云以机警明赡，济务益时，约高才博洽，名亚迁、董，俱属兴运，盖一代之英伟焉。"

——姚思廉《梁书》卷十三《沈约传》

【译文】陈朝吏部尚书姚察说："……范云和沈约参加了梁武帝

夺位和禅代，是梁武帝称帝建立梁朝的功臣。而范云性格机警，对事情明察秋毫，沈约才高八斗，学识渊博，在史学上也具有很高的成就，可以比肩董狐和司马迁，可以称得上一代英杰。”

附录三：网上知识链接

【八咏楼】八咏楼原名玄畅楼，后改名元畅楼，位于金华市城区东南隅，坐北朝南，面临婺江，楼高数丈，屹立于石砌台基上，有石级百余。登楼远眺，蓝天万里，白云朵朵，南山连屏，双溪蜿蜒，尽收眼底。现存建筑共四进，第一进为主体建筑，重檐楼阁，歇山屋顶，翼角起翘，石砌台基。此楼系南朝齐隆昌元年（公元 494 年）由东阳郡太守、著名史学家和文学家沈约建造。竣工后沈约曾多次登楼赋诗，写下了不少脍炙人口的诗篇，其中有一首《登玄畅楼》诗云：“危峰带北阜，高顶发南岑。中有陵风榭，回望川之阴。岸险每增减，湍平互浅深。水流本三派，台高乃四临。上有离群客，客有慕归心。落晖映长浦，焕景烛中浔。云生岭乍黑，日下溪半阴。信美非吾土，何事不抽簪。”并在此基础上又增写了八首诗歌，称为《八咏》诗，是当时文坛上的长篇杰作，传为绝唱，故从唐代起，遂以诗名改元畅楼为八咏楼。南宋淳熙十四年（公元 1187 年）扩建，后人将沈约的八咏诗刻于石碑。元皇庆年间（公元 1312—1313 年）楼毁于火，碑亦不存。明洪武五年（公元 1372 年）重造宝婺观，八咏楼废址建玉皇阁，后玉皇阁毁。万历年间（公元 1573—1620 年）重建八咏楼。现存八咏楼为清嘉庆年间（公元 1796—1820 年）重建，1984 年大修。

【昭明书院】书院坐北朝南，半回廊二层硬山式古建筑群。主楼为图书馆，收藏有文化、社会科学、艺术、休闲旅游等方面的图书和杂志可供阅览，并设有电子阅览室、讲堂、书画、教室等。中为校文台，为著述编校之处。前方庭院中有四眼水池，四周古木参天，浓荫匝地。正门入口有明朝万历年间(公元 1573—1620 年)建立的一座石牌坊，高 3.75 米，面宽 3.8 米，上题“六朝遗胜”，龙凤板上为刑科给事中，里人沈士茂题写的“梁昭明太子同沈尚书读书处”字样，“文革”时被有心人涂上石灰故得以幸存，1981 年经桐乡县人民政府加以修整，列为县级文物保护单位。

【沈约瘦腰】著名词人李煜词中有“沈腰潘鬓消磨”一句，“沈腰”指的便是沈约。后来，明代诗人夏完淳也有“酒杯千古思陶令，腰带三围恨沈郎”之诗句，这个细腰男子指的也即沈约。后将其和韩寿偷香、相如窃玉、张敞画眉合称古代四大风流韵事，是其引申之意。在后来的艳情小说、戏曲文中，常用作男女因情思而引起的病瘦，凡此种种用意，均随引文而异。

第六章　齐鲁世家，千年不衰

——颜之推与颜氏家风

宋末元初民族英雄文天祥被俘后，被囚禁在元朝的大都（今北京），他在潮湿、腐臭的牢房里写下了流传千古的《正气歌》，其中有这样几句："为严将军头，为嵇侍中血，为张睢阳齿，为颜常山舌。"这个"颜常山舌"说的就是唐朝常山太守颜杲卿的事迹。公元 755 年，唐朝安禄山、史思明发动叛乱，叛军来势凶猛，很快就攻下洛阳，威逼唐朝都城长安（今西安）。同时，安禄山的叛军包围了常山城（今河北正定），唐朝常山太守颜杲卿率军誓死抵抗，最后城破被俘。颜杲卿被押送到洛阳，他不仅坚决抵制安禄山的劝降，而且还大骂安禄山。安禄山恼羞成怒，命令把颜杲卿绑于桥柱上，慢慢割下他身上的肉，并肢解，颜杲卿虽然血肉模糊，仍然骂不绝口。安禄山又命令把颜杲卿的舌头割了，说："看你还能骂吗？"颜杲卿把口中鲜血喷到安禄山的脸上，忍着断舌的剧痛，还在怒斥安禄山的不忠不义，话语虽然含混不清，但字字句句，直刺安禄山的命门要害。被绑缚在桥柱上的颜杲卿逐渐血尽气绝，英勇就义，享年 65 岁。如此刚烈忠义的颜杲卿就是颜之推第六代孙，也是琅琊颜氏忠义家风的杰出代表。

一、颜回尊崇师训，穷居陋巷不改其乐

据《颜氏家谱》记载，琅琊颜氏的老祖宗可以追溯到春秋时期的颜回，颜之推是颜回的第 35 代孙，大名鼎鼎的书法家颜真卿是颜回的第 41 代孙。颜回好学，人品很好，道德境界高，是孔子最喜欢的学生之一，也最得孔子思想的真传。孔子利用一切可能的机会对颜回循循善诱，谆谆教诲。据史书记载，有一次颜回去集市上买东西，

走到一家布店门口，看着店门口围满了人，而且夹杂些叫嚷之声。颜回走过去一看，原来是一个买布的人与卖布的人发生了纠纷。听买布的人叫喊："三八是二十三，只需要二十三个钱，你为什么要我二十四个钱呢？"颜回顿时明白了吵嚷的原因是买布的人不会算账，把三乘八算成二十三。颜回走过去对买布的人说："这位先生，三八是二十四，店家收你二十四个钱不错。"买布的人不服气，说："你算得不对，我只信孔夫子说的，他如果说我算错了，我就认错。"买布人还坚持要和颜回打赌，并且很自信地说："三乘八等于二十三，如果孔夫子评判说我算错了，我愿意把头输给你。如果孔夫子说是你错了呢？"颜回也很自信地说："三乘八是二十四，如果孔夫子说是我错了，我把我的帽子给你。"二人便去找孔子评判，孔子问明情况，笑眯眯地对颜回说："回，是你错了，三乘八就是二十三。把帽子取下来给人家吧。"颜回很有德行，从来不和老师争论，既然老师说他错了，便乖乖地把帽子取下来交给买布的人，买布的人接过帽子，很得意地走了。颜回虽然没有和老师争论，但对老师的评判很不服气，以为是老师老糊涂了，这么简单的算术题都算不清楚，因此，颜回萌生了另寻老师的想法。第二天，颜回借口家中有事想离开孔子办的私塾，临行前去和老师孔子告别。孔子知道颜回的心事，也没说什么，只是叮嘱颜回说："千年古树莫存身，杀人不明勿动手。"这没头没脑的两句嘱咐，颜回也没太在意，只是应承了一句"学生记住了"。颜回走在回家的路上，突然电闪雷鸣，天上下起暴雨，颜回赶紧跑到一个千年古树的树洞中避雨，这时突然想起老师的话"千年古树莫存身"，便马上跑出来。颜回刚刚跑出来，就看到一个闪电将大树劈倒，逃过一劫的颜回心中佩服老师的先见之明。颜回回到家的时候已经是深夜，他不愿意打扰别人，便用随身携带的佩剑拨开门栓。来到房间，昏暗中颜回只朦朦胧胧看到床上睡着两个人，床头睡着一个，床尾睡着一个，顿时怒火中烧，举起佩剑便要砍杀。颜回把佩剑举起来时，又想起老师的嘱咐“杀人不明勿动手”，于是放下佩剑，点上灯一看，却发现床头睡的是妻子，床尾睡的是妹妹。心里满是愧疚的颜回第二天一早就又回到老师那里，跪在孔子的面前悔过，并和孔子说了自己回家的经过及其遭遇的事。颜回问老师为何这么有先见之明，孔子说：“我知道你说有事回家是假的，其实你是以为我老糊涂了，不愿再跟我学习。你走的时候我看天色不好，肯定要下大雨，而且看见你是生着气走的，身上还带着佩剑，心里不平静的人容易冲动，惹是生非，我觉得不放心，便嘱咐你那两句话，我并不是有什么先见之明。”颜回又问为什么老师一定要说三乘八是二十三，孔子开导他说：“如果我说三乘八是二十三，是你输了，你只是输掉一顶帽子。如果我说三乘八是二十四，买布人输了，他输的是一颗脑袋，那就是一条人命啊，难道你想要人家的命吗？”颜回大彻大悟，从此之后再也没有离开过孔子。

“颜回输冠”是孔子善教的千古佳话，《论语·雍也》篇中还记述了一则故事。据说在颜回跟着孔子回到鲁国之后，他一直没有入仕做官，孔子曾经问他：“你现在生活这么困苦，为什么不去做官呢？”颜回就回答说：“我不是不能做官，而是不愿意去做官，现在我耕种一些田地可以让我过活，跟着先生学到的道理又能够让我觉得开心，所以我不愿意去做官。”孔子听颜回这么说，很欣赏颜回的平淡知足的人生态度，于是当着其他学生的面称赞颜回说：“贤哉，回也！一箪食，一瓢饮，在陋巷，人不堪其忧，回也不改其乐。”孔子的意思

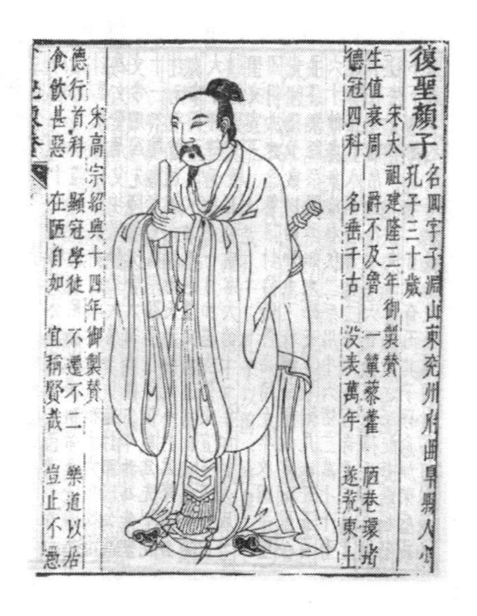

（复圣颜回立像）

是说：颜回的品质是多么高尚啊，一箪食，一瓢水，一日三餐粗茶淡饭，住在简陋的小屋里，别人都忍受不了这种穷困清苦的生活和环境，颜回却没有改变他人生的快乐。颜回身处陋巷之中仍然不改其乐并受到老师的赞许，这就是千百年来为世人称道的颜回之“乐”。

《孔子家语·颜回》还记述了颜回聪明睿智的故事。据说鲁定公有一次问颜回：“你听说过东野毕擅长驭马吗？”颜回回答说：“听说过，但是他的马会很快逃走。”鲁定公听了很不高兴，对左右的人说：“君子也会陷害别人。”过了几天，东野毕的马真的逃走了。鲁定公听说之后，非常震惊，赶紧把颜回找去，问他说：“你怎么知道东野毕的马会逃走？”颜回说：“驭马其实与治国的道理是相同的，舜善于治国，从来不穷尽民力，造父擅长驭马，从来不穷尽马力，但是东野毕驭马的时候总是穷尽马力，并且还苛求于马，对马儿又打又骂，所以他家的马一定会逃走的。”鲁定公听了觉得意犹未尽，要求颜回再多说一些，颜回说：“马急了就会逃跑，人急了就会反叛，所以治理国家一定不能穷尽民力。所以，我们从来没有听过有人民的日子过得不好而国家没有危险的事情。”鲁定公将这件事告诉了孔子，孔子淡定地说：“这就是贤者颜回应该想到的，不值得去夸奖。”

颜回是孔子最得意的门生，是一代大儒。颜回是得到了孔子的真传的，而且他非常聪明，是智慧与贤德并存的一个人。颜回一生都没有做过官，他的一生都是在孔子的身边度过的。颜回从 13 岁入学，到 38 岁离开孔子自己办学，可以说两个人在一起生活和学习了 25 年。孔子弟子三千，受到孔子称赞的好学生才七十二个人。在这七十二贤人中，颜回又以有德行列贤者第一，受到孔子的赞赏。颜回 29 岁时，头发全白了，而且后来英年早逝，孔子闻讯后哭得哀痛之至，说：“自从我有了颜回这个学生，学生们就更加亲近我。”鲁国国君问孔子：“你的学生中谁是最好学的？”孔子回答说：“有个叫颜回的最好学，他从不把脾气发到别人的身上，也不重犯同样的错误。不幸年纪轻轻死了。之后再没有发现好学的人了。”

颜回死后，孔子就再也没有像颜回那么好的学生了。毛泽东有句名言：“人总是要有一点精神的。”因为人有了精神，就有了追求，就不会被尘世间的浮云遮蔽双眼而迷失人生方向。精神又是人生的支柱，人有了精神，就等于有了脊梁骨，在各种诱惑面前就能昂起头、挺起胸。否则，就容易患“软骨病”，就会在各种名利的诱惑下丧失骨气、志气、锐气和勇气。那些失去骨气的人，人性就容易被扭曲和异化。

（复圣庙）

二、家训之祖颜之推训子有方

颜之推是颜回的第35代孙，生于公元531年，卒年不详，大约逝于公元591年。颜回英年早逝后，其子孙以诗书传家，恪守儒家仁义之道，礼乐之规，家族很是兴旺。颜氏家族传至东晋初年颜含时，颜含随晋元帝司马睿渡江南下，寓居建康（今南京）。颜含以孝友著称于世，很重视家教和家风的传承，死后被尊为"靖侯"。颜之推从小就受到颜氏儒学家风的影响，规行矩步，谨守礼仪，有谦谦君子之风。颜之推生逢乱世，饱经沧桑，曾经在南方的梁朝、北方的北齐、北周和隋朝做官，三次经历亡国之痛，两次因国破家亡沦为俘虏。颜之推自称"三为亡国之人"，他在乱世中看够了人世间的悲欢离合，品尝了人世间的种种辛酸，他觉得若要人身平安，家族长盛不衰，就必须重视家教家风的教育和传承。

自颜回以后，颜氏家族坚持读书传家，富不丢书，穷不弃学。颜之推在北齐任黄门侍郎，公元 577 年，北齐被北周攻灭，颜之推被迫举家迁徙到长安。在随后的三年中，颜之推失业在家，朝无禄位，家无积财。面对窘迫的生活，其子颜思鲁有些疑惑地问道："现在我们既没有朝廷的俸禄，也没有积蓄的财产，家里穷得快揭不开锅了。我们就应当尽全力劳作，来养家糊口，但您却经常督促我们学习，让我们心无旁骛、勤习经史。可是您知道吗，我们做儿子的，不能供养双亲，心里感到非常不安啊。"颜之推听后，语重心长地说道："做儿子的把供养双亲的责任放在心上是对的，但做父亲的更应该用学到的知识来教育子女。如果我的丰衣足食是用你们放弃学业换来的，那我真是食不知味，衣不觉暖。只要你们能够努力读书，继承祖上的基业，即使是粗茶淡饭、粗布短衣，我也是心甘情愿的。"

为了秉承并弘扬颜回德行天下、儒学立身的家族遗风，颜之推从公元 572 年开始着笔，花了近二十年时间以其丰富的社会经历和渊博的知识，陆续写成了《颜氏家训》，这本书直到去世前夕才最终完成。这部家训在宋代就被文献学家陈振孙誉为"古今家训之祖"，清代学者王钺在《读书丛残》中称赞它"篇篇药石，言言龟鉴，凡为人子弟者，可家置一册，奉为明训"。人们给予《颜氏家训》这么高的评价，这本书说了些什么呢？

《颜氏家训》共有七卷，分为二十篇，它们分别是《序致》《教子》《兄弟》《后娶》《治家》《风操》《慕贤》《勉学》《文章》《名实》《涉务》《省事》《止足》《诫兵》《养生》《归心》《书证》《音辞》《杂艺》《终制》。家训

（《颜氏家训》书影）

以儒家思想为主导，旁涉道家、佛家思想观念，内容涵盖了从饮食起居、修身养性到为人处世、求仕治学等方方面面，凝聚了一位饱经沧桑的老人对人生的深切体验，也体现了一位仁慈睿智的长者对子孙的殷殷之情和教诲之意。颜之推在家训中对于儿孙的教诲涉及的内容很丰富，很具体，其中对于后来颜氏家族带来重要影响的主要有如下几个方面：

首先，颜之推要求子孙重视读书和学习。《颜氏家训》有《勉学》篇，颜之推用过去和现实中勤学的故事勉励后世子孙。他说："幼而学者，如日出之光；老而学者，如秉烛夜行。"意思是说，只要爱学习，什么时候学习都不算晚。颜之推还要求子孙要善于向身边的贤者、长者、智者学习，他说"农商工贾、厮役奴隶、钓鱼屠肉、贩牛牧羊"中都有学识高深的人，都可为师。颜之推要求子孙不仅要勤奋学习，终身学习，而且还要学以致用，把学到的知识付诸行动和实践，不能轻信"耳受"，重在践履，真正做到知行合一，千万不要说空话、假话。颜之推认为读书学习要有选择，要读圣贤之书，因为圣贤之书能教人诚孝、慎言、检迹，读了这些圣贤之书，能够“开心明目，利于行耳”，如果家中能常存数百卷圣贤之书，子孙万代就会提升思想境界，虽然做不了圣人，但不会堕落为小人。

顏氏家訓節錄
古人勤學有握錐投
斧照雪聚螢鋤則帶
經牧則編簡亦為勤
篤梁世彭城劉綺交
州刺史勃之孫早孤

（《颜氏家训》节录）

其次，颜之推要求子孙选择正确的人生榜样，并努力学习和效法，树立起高贵的人生节操。颜之推在《颜氏家训·教子》篇中说了一个故事。在北齐时，一位大夫对颜之推说：“我有一个儿子，年已十七岁，读了些书，有点学问。现在我在教他学习鲜卑语，教他弹琵琶，希望他通过服侍鲜卑公卿来取得功名富贵。”这位大夫说的是当时北齐时社会上一种较为普遍的情况，一些北方汉族士人为了迎合鲜卑族上层官僚贵族之所好，要子女学习鲜卑语和鲜卑族的音乐，以此献媚奉承谋求一官半职。颜之推对于这种献媚讨好的风气和行为很不满，他以此为例，告诫子孙说：“如果用这样丧失人格的方式献媚讨好，即使做了卿相，我是看不起的，我也不愿意看到你们为了获得一官半职而这样卑恭屈膝。”颜之推要求子女“慕贤”，要把大贤大德之人作为自己的人生偶像，并且“心醉魂迷”地钦慕和仿效他们，在他们的影响下成长，千万不能向伪君子学习。

其三，颜之推要求子孙修身养性，不断提高自己的思想道德水平。颜之推很反感那些“不修身而求令名于世”的卑鄙小人，认为这些人就像自己相貌丑陋而又非要在镜子里看到自己美丽漂亮一样荒唐可笑。颜之推认为，在一个家庭里，父母家长要做好表率，要让自己成为子女学习的楷模。颜之推说：“家风的传承，上行下效，父母的言行对子孙有重要的示范作用。”常言说得好：父不慈则子不孝，兄不友则弟不恭，夫不义则妇不顺矣。颜之推教导子孙欲望不要太多，追求要适可而止，要学会知足常乐，不要自私偏狭。持家要“去奢”“行俭”“不吝”。在婚姻问题上，做到不贪势家，权势和金钱换不来婚姻的美满和幸福。做官并不是官越大越好，官位高低要与自己的能力匹配，不要总想着往上爬，做官做到二千石（相当于今天的厅局级）就可以了。

一个家庭能做到以礼教为本，以忠孝仁义立身处世，才能做到父慈子孝、兄友弟恭、夫义妇顺，构建一个和谐的家庭。颜之推深感维护门风的重要，他从维护颜氏门风并世代传承的目的出发，在《颜氏家训》的首篇和末篇里，颜之推反复强调他写“家训”的目的是为了“整齐门内”，耳提面命地交代后代“绍家世之业”。颜之推还再三叮嘱自己的子孙要按儒家“六经”的思想严格要求自己，不只做“典正”之人，亦要写“典正”之文，绝不能陷于“轻薄”之途。

三、颜氏家风铸就千年家族辉煌

颜氏先祖颜回穷处陋巷，行仁倡义，德行天下，公元前481年，颜回先孔子而去世，葬于鲁城东防山前。孔子对颜回的早逝深感悲痛，不停地哀叹说："噫！天丧予！天丧予！"颜回之后，颜氏家族代不乏人，人才辈出，传至第35代孙颜之推时，言传身教，撰《颜氏家训》垂训子孙。自颜之推以后千余年间，颜氏家族长盛不衰，靠的就是家训的力量，靠的就是颜氏良好家风。

生逢乱世的颜之推亲眼目睹了南北朝时期一些贵族纨绔子弟不读书、不习武、胸无点墨、手难缚鸡，却倚仗祖先父辈的权势过着腐朽糜烂的生活，出现了许多败家子，酿成家庭或家族的悲剧。因此，颜之推很重视自己的子孙的读书学习，并把读书作为立家之本。颜之推的期望没有落空，他的子孙都继承了家学，努力读书，踏实做人，颜氏家族每代都有学问大家。

颜之推长子颜思鲁因为有学问在隋朝担任东宫学士，隋朝灭亡后，颜思鲁又被李世民任命为记室参军（相当于今天的秘书），颜之推的文集就是由他整理编订的。颜之推的次子颜愍楚继承了颜之推音韵学上的成就，撰有《礼俗音略》一书，在学术上很有地位。颜之推第三个儿子颜游秦，唐朝初年任廉州刺史、鄂州刺史，而且他对《汉书》很有研究，著《汉书决疑》，这是研究《汉书》的经典性著作。其学问又被其侄颜师古继承。

颜之推的长孙，即颜思鲁的长子颜师古从小就好学习，博览群书，尤其精于训诂音韵，也写得一手好文章。唐太宗很重视文化，他看到因年代久远，社会纷乱，五经因为辗转传抄，错误很多，不利于学生阅读和理解，于是，唐太宗便命令学问渊博的颜师古对《诗》《书》《礼》《易》《春秋》五经进行认真考订，把错误一一纠正，并把订正错误后的五经编成《五经定本》，作为各级各类学校统一教科书。统一五经的教科书《五经定本》编写完成后，唐太宗开了个学术讨论会，召集儒生对颜师古编定的五经教科书进行检讨和批评，看看是否还有不完善的地方。对于他人的批评和质疑，颜师古都能援引先秦以来的典籍进行释疑和解答，其学识的渊博，让每一个在座的人叹服不已。从此以后，颜师古撰写的《五经定本》就成为学生阅读、学校上课和朝廷开科取士的经典教材。

（颜师古《等慈寺碑》拓本局部）

颜之推不仅要求子孙读五经、明礼义，也要求子孙学艺术陶冶情操。经历乱世的颜之推以自己的人生经历训诫子孙，他说：“父母兄弟不能作为人生永远的依靠，家乡和国家可能发生战乱和动荡。

一旦出现社会纷乱，就要背井离乡，四处漂泊，这时就只有自谋生路。”如何在没有他人帮助下能生存下来呢？颜之推认为，如果有一门技艺在身就不怕了。古人说：积财千万，不如薄技在身。颜之推要子孙学习书法、绘画、琴瑟等技艺。颜氏家族对书法等艺术修养的重视终于在唐朝颜真卿身上结出硕果。颜真卿是中国古代的书法大家，他的书法初学褚遂良，后又师从张旭学习笔法。颜真卿写的正楷端正雄浑、气势宏伟，行书则遒劲勃发、刚劲有力。颜真卿的书法独成一体，世称“颜体”，至今仍被奉为书法正宗，他留下了《多宝塔碑》《麻姑仙坛记》《颜勤礼碑》《颜氏家庙碑》等书法精品，他的手迹《祭侄文稿》是书法史上的珍宝。

颜之推在《颜氏家训》中给子孙讲了一个故事。在南朝梁元帝的时候，有一个中书舍人，虽然官做得顺风顺水，但做人极为刻薄，而且心狠手辣。他有多个妻妾，这些妻妾在平常生活中实在无法忍受此人的蛮横无礼，于是大家在一起合计，花钱雇了一个刺客，趁着这个中书舍人醉酒不醒时把他杀了。颜之推以此告诫子孙做人不能太刻薄，要与人为善，要严于律己，宽以待人。颜氏子孙也确实这么做了，一千多年来，颜氏家族还真没有出现十恶不赦的大坏人。在当今江苏南京有个乌龙潭公园，是市民休闲的好地方。在公园西侧，有一间颜鲁公祠，这是目前全国唯一保存完好的祭祀颜真卿的祠庙遗迹。早在公元760年，心地仁慈的颜真卿任昇州刺史时，把南京城西清凉山下的乌龙潭辟为放生池，让人们放养龟鳖，以示他的仁慈好生之德，让仁爱好生之风流传后世。颜真卿去世后，人们在南京乌龙潭西建立放生庵，太平天国期间放生庵被焚毁，清代同治年间江宁知府涂宗瀛于庵址建起颜鲁公祠，祭祀颜真卿。

颜之推希望子孙们修好身，养好性，行仁义，尚忠义，要为家庭争光，不能做沽名钓誉的伪君子。颜之推的子孙以自己的行动忠实履行了祖宗的教诲，形成了颜氏忠烈家风。颜真卿的手迹《祭侄文稿》留传至今，既是书法珍品，也是忠义之魂。这幅《祭侄文稿》的原件上有个奇怪的现象，即很多地方墨汁是洇开的。据说颜真卿当时一边写，一边在掉眼泪，这些洇开的点点墨汁都是他滴落的泪水。

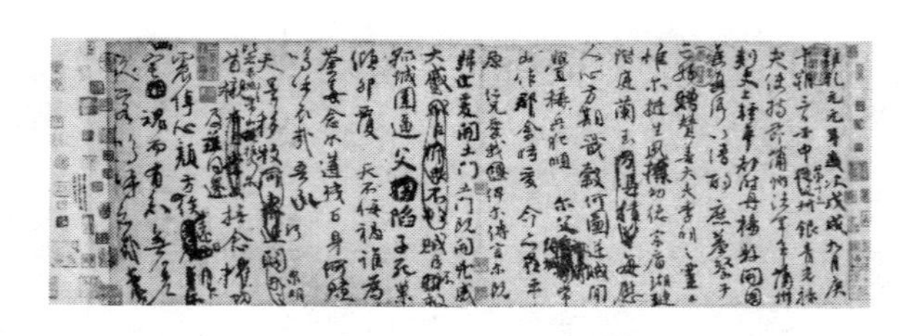

（颜真卿《祭侄文稿》）

安史之乱爆发时，颜真卿任平原郡太守（治所在今山东德州），他的从兄颜杲卿任常山太守。兄弟二人面对来势汹汹的安史叛军，毅然举起抵抗的大旗。当河北各郡纷纷陷落时，惟独平原城仍在固守。唐玄宗听到河北各郡陷落的消息，哀叹道："河北二十四郡，岂无一忠臣乎？"但当他听到颜真卿率军坚守平原郡时，激动地对身边的大臣说："河北二十四郡，唯真卿一人而已。"安禄山的叛军攻陷洛阳，杀死唐朝的洛阳留守李憕、卢奕、蒋清，并派自己的党羽段子光携带三个人的人头来胁迫颜真卿投降。颜真卿当场斩杀段子光，表示了他同叛军战斗到底的决心，并为李憕等三人发丧，哭祭三天，左右将士没有不感动落泪的。颜真卿一面固守平原，一面派卢逖去常山联络堂兄颜杲卿，联手切断安禄山从范阳到洛阳的交通运输线，威胁安史叛军的后方。为了沟通信息，谋划军事部署，常山太守颜杲卿派自己14岁的儿子颜季明冒险去给叔叔颜真卿送信。不幸的是，安禄山发现颜真卿和颜杲卿兄弟二人想联手切断他的后方运输线，给自己带来致命威胁。为解决这个威胁，安禄山集中兵力围攻常山，颜季明在送信路上被安禄山的叛军俘获，并以此为要挟，逼迫颜杲卿投降。颜杲卿不仅不投降，反而把安禄山痛骂一顿。安禄山恼羞成怒，杀害了颜季明。常山城破，安禄山把誓死不降的颜杲卿割舌肢解。后来，颜真卿找寻到了侄儿颜季明的头颅，含着泪水写下了有名的《祭侄文》。

安史之乱平定以后，唐朝国运日渐衰退，地方军阀争相逞强争斗，一言不合就反叛朝廷。当时淮西节度使李希烈突然举兵反叛，唐德宗无奈之下问计于宰相卢杞。卢杞出了一个坏主意，建议唐德宗派近80高龄的颜真卿去劝说李希烈，让他放下反旗，重新效忠唐朝。大家都知道，颜真卿去劝降李希烈无异于去送死，这是卢杞想借刀杀人。颜真卿虽然已经近80岁了，对于卢杞的阴险也了然于心，但是，为了国家，为了朝廷，他并没有以年老为由逃避皇命。临行前，颜真卿的儿子赶来，问父亲有什么要交代的，因为儿子知道老父亲这一去，可能就回不来了。颜真卿对儿子就讲了两句话：为国要尽忠，为家要尽孝。颜真卿到了许州（今河南许昌）李希烈的军营，李希烈假惺惺地说："您老人家来得太好了，我正缺一个德高望重的人给我做宰相。"颜真卿就问他："你知道颜杲卿是谁吗？"意思是不用多说了，我是不会给你做宰相的。李希烈使用种种伎俩威逼利诱，颜真卿始终不为所屈。李希烈以为颜真卿既不能为自己所用，更不愿归降，便把颜真卿囚禁起来，继续威逼利诱。过了些时日，李希烈还不死心，派心腹辛景臻、安华到关押颜真卿的大牢里，搜集了一大堆干柴，并浇上桐油，威胁颜真卿说："你如果不投降，就烧死你。"颜真卿面不改色，抬头走向熊熊燃烧的火堆，辛景臻惊恐不已，急忙拦住走向火堆的颜真卿。最终，李希烈在蔡州龙兴寺缢杀了颜真卿。

颜之推常引用孔子的话教育子孙，孔子曾说："奢侈了就不恭顺，节俭了就固陋。与其不恭顺，宁可固陋。"颜之推还给子孙说了晋代裴子野节俭济人的故事。裴子野是晋代人，有些远亲故旧，因为穷，饥寒交迫，不能自救，纷纷来投靠裴子野，裴子野把他们都收留在家里，弄得家里也很穷。如果遇到水旱灾害，裴子野就用二石米煮成稀粥，勉强让大家都吃上饭，自己也和大家一起吃，从来没有厌倦。同时，颜之推告诫子孙不要贪财，能活命就行。他也给子孙讲了一个贪鄙人最后身败名裂的故事。在北齐都城邺下有个大将军，很贪婪，积累了很多钱，还不满足，家僮已有八百人了，还发誓凑满一千，早晚每人的饭菜，以十五文钱为标准，遇到客人来，也不增加一些。这个人由于太贪婪，被人检举贪赃枉法，结果他进了大牢，最终被处死，家产也被没收。在查抄他的家里时，让人真不敢相信，他家的麻鞋有一屋子，旧衣服藏满几个仓库，其余的财宝，更多得数都数不清。颜之推想用这个反面教材教育子孙欲望要节制，不可贪婪。他的子孙们做得如何呢？

国务院前总理朱镕基在任职期间经常引用古人的《官箴》以自勉："吏不畏吾严，而畏吾廉；民不服吾能，而服吾公。廉则吏不敢慢，公则民不敢欺。公生明，廉生威。"这三十六字《官箴》，字字警策，句句药石。它说的是官之本最重要的莫过于两点：一是公，二是廉。这则《官箴》的意思是说："下属敬畏我，不在于我是否严厉而在于我是否廉洁；百姓信服我，不在于我是否有才干而在于我办事是否公正。公正则百姓不敢轻慢，廉洁则下属不敢欺蒙。处事公正才能明辨是非，做人廉洁才能树立权威。"据学者们考证，这句话最早是明代学者曹端说的，后来山东巡抚年富认为曹端的这句话说得好，对其词句稍作改动，增加了"公生明，廉生威"六个字，并用楷书书写，作为自己做官的座右铭。年富历仕明成祖、明仁宗、明宣宗、景泰帝和明宪宗五朝，可谓五朝元老，他先后在地方和中央部门任职，无论走到哪里，他都以《官箴》自随，清廉刚正，始终不渝，从而成为一代名臣。明孝宗弘治十四年（公元 1501 年），泰安知州顾景祥又把《官箴》刻在石碑上，立于泰安府衙里，以儆官员，以诫自己。

（《官箴碑》）

在清代，广东连平颜氏是一个十分显赫的家族，有"一门三世四节钺（督抚），五部十省八花翎"之说，说的是这个家族三代当中，出了四个巡抚、八个总督。连平颜氏第一代就是颜希深，曾官至湖南巡抚、贵州巡抚、云南巡抚。连平颜氏为何如此兴旺呢？这与颜希深秉承颜氏家训，弘扬颜氏以儒学传家的家风有着密切的关系。

1753 年，24 岁的颜希深任泰安知府，有一天，颜希深偶然在府衙的墙壁上看到明朝泰安知州顾景祥刻下的一块《官箴碑》，上刻有："吏不畏吾严，而畏吾廉；民不服吾能，而服吾公。廉则吏不敢慢，公则民不敢欺。公生明，廉生威。"他十分喜欢这三十六个字。从此，颜希深把这"三十六字官箴"当作自己的座右铭。颜希深调离泰安时，他将"官箴"的拓片带在身边，以"官箴"来约束自己。

颜希深为官清廉，爱惜民力，在民间流传着不少颂扬他的故事。虽然正史上没有记载颜希深在济宁做过官，但在野史和民间传说中，却有颜希深济宁为官并敢于怠慢乾隆皇帝的故事。据说乾隆巡视江南，随行船只有一千多艘，在运河上船队排了二十多里，随员多达 2 500 余人，队伍真是浩大，排场也真是威风。乾隆帝从北京沿运河南下，沿途所经州府，当地官员皆不敢怠慢，并极尽讨好。那些知县知府们为了博得乾隆皇帝龙颜大悦，搭彩棚，铺地毯，饰屋粉墙，显得到处都是一派国泰民安的祥和景象。不仅如此，这些平时骑在老百姓头上作威作福的县太爷、府老爷们纷纷穿上新装，手举各种奇珍异宝，跪拜迎接。

济宁是大运河上的很重要的码头，平时商贾往来，船帆桅影，穿梭不停，一片繁荣热闹景象。这次乾隆皇帝的船队到了济宁，却不见码头上挂彩灯、饰彩旗，一如平日里只有南来北往的商贾和贩夫走卒的叫卖声。山东巡抚带领府衙百官赶到济宁跪拜迎接，就是没有看到济宁知府颜希深。济宁知府竟敢如此怠慢圣上，不来接驾，乾隆帝的随行大臣和珅大怒，命令山东巡抚立即把颜希深及他的母亲找来接驾。

颜希深的母亲何氏很快就到了，见了乾隆皇帝，从容行礼。乾隆皇帝问何氏："你的儿子颜希深为何不来接驾，他到哪里去了？"何氏不慌不忙地回答说："颜希深虽然早已接到通知，也做好了接驾准备，不敢离开济宁。谁知前两天，由于天突降暴雨，河道溃口了，洪水淹没村庄，灾民流离失所。颜希深已率济宁文武官员，亲临现场，参与堵塞溃口和赈济灾民去了。"何氏话音刚落，颜希深气喘吁吁地跑来了，只见他从头到脚沾满了泥水，面色疲惫，仪容不整，见了乾隆皇帝忙叩头谢罪。颜希深虽然误了接驾，惹得乾隆皇帝不高兴，但问清原委后，乾隆皇帝看到有这样勤政为民的好地方官，不仅没有追究颜希深的怠慢之罪，还对颜希深格外褒奖。乾隆在济宁稍稍休整后，便来到济宁府衙巡视，刚来到府衙第二道门门口，只见衙门两边贴了一副对联：上联是，北马南船，水陆交衢通十郡；下联是，襟齐带鲁，吏民表章领三城。走进府衙大堂，乾隆皇帝见这里也有一联：老吏何能，有讼不如无讼好；小民易劝，善人总比恶人多。

乾隆皇帝读着这些勤政为民的对联，看到府衙里干净利落，府中官员差役穿的都是布衣，吃的是粗粮淡饭，十分高兴，因为他从这些细节中就知道颜希深是一个清操自励的好官员，一定可以为国所用，为民谋福利。

附录一：资料摘编

【1】吾家风教，素为整密。昔在龆龀，便蒙诱诲；每从两兄，晓夕温凊，规行矩步，安辞定色，锵锵翼翼，若朝严君焉。赐以优言，问所好尚，励短引长，莫不恳笃。年始九岁，便丁荼蓼，家涂离散，百口索

然。慈兄鞠养，苦辛备至；有仁无威，导示不切。虽读《礼》《传》，微爱属文，颇为凡人之所陶染，肆欲轻言，不修边幅。年十八九，少知砥砺，习若自然，卒难洗荡，二十已后，大过稀焉；每常心共口敌，性与情竞，夜觉晓非，今悔昨失，自怜无教，以至于斯。追思平昔之指，铭肌镂骨，非徒古书之诫，经目过耳也。

——颜之推《颜氏家训·序致》

【译文】我们家的门风家教，一向是严整缜密的。还在孩童的时候，我就时时得到长辈的指导教诲；学着我两位兄长的样子，早晚侍奉双亲，一举一动都按照规矩办事，神色安详，言语平和，走路小心恭敬，就像在拜见尊严的君王一样。长辈时时传授我佳言锦句，关心我的喜好，勉励我克服缺点、发扬优点，没有一样不是恳切深厚的。我长到九岁时，父亲就去世了，家道中衰，人丁零落。慈爱的兄长尽其抚育之责，困苦辛劳至极；但他仁爱而没有威严，对我的督导就不够严厉。我虽然读了《周礼》《左传》，也有些喜欢作文，但与一般平庸之人相交而受其熏染，放纵私欲，信口开河，又不注重容貌的整洁。到十八九岁时，我逐渐懂得要磨炼自己的品性了，但习惯成自然，最终还是难以彻底去掉不良习惯。二十岁以后，太大的过失我就很少犯了，经常是在信口开河时，心里就警觉起来而加以控制，理智与感情往往处于矛盾之中，夜晚觉察到白天的错误，今日追悔昨日的过失，自己意识到小时候没有得到良好的教育，因此才发展到这种地步。追忆平素所立的志向，真是刻骨铭心，绝不仅仅是把古书上的告诫听一遍看一遍。

【2】凡庶纵不能尔，当及婴稚，识人颜色，知人喜怒，便加教诲，使为则为，使止则止。比及数岁，可省笞罚。父母威严而有慈，则子

女畏慎而生孝矣。

——颜之推《颜氏家训·教子》

【译文】普通平民纵然不能如此，也应当在孩子知道辨认大人的脸色、明白大人的喜怒时，就开始对他们加以教诲，叫他去做他就能去做，叫他不做他就不会去做。这样，等到他长大时，就可不必对他打竹板处罚了。父母平时威严而且慈爱，子女就会敬畏谨慎，从而产生孝心。

【3】夫有人民而后有夫妇，有夫妇而后有父子，有父子而后有兄弟：一家之亲，此三而已矣。自兹以往，至于九族，皆本于三亲焉，故于人伦为重者也，不可不笃。

——颜之推《颜氏家训·兄弟》

【译文】有了人类以后才有夫妇，有了夫妇以后才有父子，有了父子以后才有兄弟：一个家庭中的亲人，就这三者而已。以此类推，直到产生出九族，都是来源于"三亲"，因此对于人伦关系来说，三亲是最为重要的，不能不加以重视。

【4】父母威严而有慈，则子女畏慎而生孝矣。吾见世间，无教而有爱，每不能然；饮食运为，恣其所欲，宜诫翻奖，应诃反笑，至有识知，谓法当尔。骄慢已习，方复制之，捶挞至死而无威，忿怒日隆而增怨，逮于成长，终为败德。孔子云："少成若天性，习惯如自然"是也。

——颜之推《颜氏家训·教子》

【译文】父母威严而又慈爱，子女就会有敬畏心理，言行谨慎，从而产生孝心。我见世上有些父母对子女不加教育，只是一味溺爱，往往认识不到这样做是不对的。他们对子女的饮食言行，总是放纵，任其所为，该告诫的却夸奖，该斥责的却欣喜，等孩子长大明白事理以后，就会认为自己的行为是对的。等到孩子骄横傲慢成为习惯时，才想到去管束制约他们，就算把他们用棍打死，也很难再树立父母的威信了，父母的愤怒导致子女的怨恨之情与日俱增，等到孩子长大成人，终究会成为道德败坏之人。孔子所谓"少成若天性，习惯如自然"，讲的正是这个道理。

【5】人之爱子，罕亦能均，自古及今，此弊多矣。贤俊者自可赏爱，顽鲁者亦当矜怜。有偏宠者，虽欲以厚之，更所以祸之。

——颜之推《颜氏家训·教子》

【译文】人们都喜爱自己的孩子，却少有能够一视同仁的；从古至今，这造成的弊病太多了。聪慧俊秀的孩子当然值得赏识喜爱，愚蠢迟钝的孩子也应该喜爱怜惜才是。那些偏宠孩子的人，虽然本意是想以自己的爱厚待他，反而会以此害了他。

【6】孔子曰："奢则不孙，俭则固；与其不孙也，宁固。"又云："如有周公之才之美，使骄且吝，其余不足观也已。"然则可俭而不可吝已。俭者，省约为礼之谓也；吝者，穷急不恤之谓也。今有施则奢，俭则吝；如能施而不奢，俭而不吝，可矣。

——颜之推《颜氏家训·治家》

【译文】孔子说："奢侈了就不会恭顺，节俭了就会鄙陋。与其不恭顺，宁可鄙陋。"又说："如果有人具有周公那样的才能，但只要他既骄傲又吝啬，那么余下的也就不值一提了。"这样说来，那就是可以节俭而不可以吝啬了。节俭，是指合乎礼数的节省。吝啬，是指对处于穷困急难之中的人也不加救助。现在舍得施舍的人就奢侈无度，节俭的人又吝啬小气；假如能做到既施舍于他人而自己又不奢侈，勤俭节约又不吝啬，那就好了。

【7】妇人之性，率宠子婿而虐儿妇。宠婿，则兄弟之怨生焉；虐妇，则姊妹之谗行焉。然则女之行留，皆得罪于其家者，母实为之。至有谚云："落索阿姑餐。"此其相报也。家之常弊，可不诫哉！

——颜之推《颜氏家训·治家》

【译文】妇人的禀性，大都宠爱女婿而虐待儿媳。宠爱女婿，那么儿子的不满就由此产生；虐待儿媳，那么女儿的谗言就随之而至。那么不论是女儿出嫁还是娶儿媳，都要得罪家人，这实在是当母亲的造成的。以至有谚语说："婆婆吃饭好冷清。"这是对她的报应啊。这种家庭中经常出现的弊端，不能不警戒啊！

【8】人在年少，神情未定，所与款狎，熏渍陶染，言笑举动，无心于学，潜移暗化，自然似之。何况操履艺能，较明易习者也？是以与善人居，如入芝兰之室，久而自芳也；与恶人居，如入鲍鱼之肆，久而自臭也。墨子悲于染丝，是之谓也。君子必慎交游焉。

——颜之推《颜氏家训·慕贤》

【译文】人在年轻的时候，精神性情都还没有定型，和那些情投意合的朋友朝夕相处，受到他们的熏渍陶染，人家的一言一笑，一举一动，虽然没有存心去学，但是潜移默化之中，自然跟他们相似。何况操守德行和本领技能，都是比较容易学到的东西呢？因此，与善人相处，就像进入满是芝草兰花的屋子中一样，时间一长自己也变得芬芳起来；与恶人相处，就像进入满是鲍鱼的店铺一样，时间一长自己也变得腥臭起来。墨子看到洁白的生丝被染上颜色后无法漂洗而悲泣不已，就是这个道理。君子与人交往一定要慎重。

【9】夫明"六经"之指，涉百家之书，纵不能增益德行，敦厉风俗，

犹为一艺，得以自资。父母不可常依，乡国不可常保，一旦流离，无人庇荫，当自求诸身耳。谚曰："积财千万，不如薄伎在身。"伎之易习而可贵者，无过读书也。世人不问愚智，皆欲识人之多，见事之广，而不肯读书，是犹求饱而懒营馔，欲暖而惰裁衣也。

——颜之推《颜氏家训·勉学》

【译文】通晓六经要旨，涉猎百家著述，即使不能增加个人的道德操行，劝勉世风习俗，也不失为一种才艺，能够用来自谋生计。父母不可能一直作为依靠，乡里国家也可能产生变乱，一旦流离失所，没有人保护你，就只有自寻生路。俗话说："积有千万资财，也不如身怀小技。"各种技艺中容易学会而又值得推崇的本事，莫过于读书了。世人不管是愚蠢还是聪明，都希望广交朋友，见多识广，但又不肯读书，这就好比想要吃饱却懒得做饭，想要身体暖和却又懒于裁衣一样。

【10】人生小幼，精神专利，长成已后，思虑散逸，固须早教，勿失机也。

——颜之推《颜氏家训·勉学》

【译文】人在幼小的时候，精神专注敏锐，长大成人以后，思想容易分散，因此，对孩子要及早教育，不可错失良机。

【11】名之与实，犹形之与影也。德艺周厚，则名必善焉；容色姝丽，则影必美焉。今不修身而求令名于世者，犹貌甚恶而责妍影于镜也。

——颜之推《颜氏家训·名实》

【译文】名与实的关系，就好比形体和影子的关系一样。道德高尚、才艺深厚的人，其名声一定是好的；姿容秀美的人，其影像也一定是美的。如今有一些不修身养性，却希望在世上得到好名声的人，就像容貌丑陋却想要在镜子中映出美丽的影像一样。

【12】人之虚实真伪在乎心，无不见乎迹，但察之未熟耳。一为察之所鉴，巧伪不如拙诚，承之以羞大矣。

——颜之推《颜氏家训·名实》

【译文】每个人心里的虚实真伪，都会在他的言行里表现出来，只是别人观察得不仔细罢了。一旦被别人看出了真相，再巧妙的伪装也比不上拙劣的真诚，蒙受的羞辱太大了。

【13】君子当守道崇德，蓄价待时，爵禄不登，信由天命。须求趋竞，不顾羞惭，比较材能，斟量功伐，厉色扬声，东怨西怒；或有劫持宰相瑕疵，而获酬谢，或有喧聒时人视听，求见发遣；以此得官，谓为才力，何异盗食致饱，窃衣取温哉！

——颜之推《颜氏家训·省事》

【译文】君子应当坚守正道、增强修养，同时还要蓄养身价、名望以等待时机，就算得不到高官厚禄，也要处之泰然。要是不顾羞耻、四处求官，和别人比较才能，论说功绩，吆三喝五，怨天尤人；或以宰相的短处相要挟，以获得报酬；或哗众取宠、扰乱视听，来获取官位。就算通过这些手段最终得到了官职，自认为有能力，但是这跟偷食物来填饱肚皮、窃衣服来保暖有什么区别呢？

【14】王子晋云："佐饔得尝，佐斗得伤。"此言为善则预，为恶则去，不欲党人非义之事也。凡损于物，皆无与焉。……亲友之迫危难也，家财己力，当无所吝；若横生图计，无理请谒，非吾教也。

——颜之推《颜氏家训·省事》

【译文】王子晋说："协助别人做菜可以吃到佳肴，帮人打架会受到伤害。"这话是说别人做好事都要参与，别人做坏事都要避开，不要和人结伙做不正当的事。凡是损害别人利益的事都不参与。……亲友处在窘迫危难的时候，自己的财力和才力应当毫不吝惜；要是有人图谋不轨，提出一些无理的请托，那不是我教你们要怜悯的人。

附录二：后人评说

【1】古今家训，以此为祖。

——陈振孙《直斋书录解题》

【译文】中国古代人们编写家训时都尊奉《颜氏家训》。

【2】六朝颜之推家法最正，相传最远。

——袁衷《庭帏杂录》

【译文】六朝时期颜之推治家有方，其治家理念最符合儒家思想和要求，不仅颜氏家族长盛不衰，《颜氏家训》的影响也传之久远。

【3】篇篇药石，言言龟鉴，凡为人子弟者，当家置一册，奉为明训，不独颜氏。

——王钺《读书丛残》

【译文】颜氏家训的言论给人以借鉴，凡是后代，都应放置一本，作为家训，不仅仅是颜氏。

【4】述立身治家之法，辨正时俗之谬，以训诸子孙。

——晁公武《郡斋读书志》

【译文】颜氏家训记述修身治家的道理，辨别世俗的谬论，以此来警示他的子子孙孙。

【5】乃若书之传，以禔身，以范俗，为今代人文风化之助，则不独

颜氏一家之训乎尔！

——张璧《颜氏家训·序》

【译文】人们用来去除恶习，修身养性，规范言行举止，风俗习惯，为当下人们建立公序良俗提供帮助，不仅仅只有颜氏一家的家训。

附录三：网上知识链接

【《颜氏家训》】是汉民族历史上第一部内容丰富、体系宏大的家训，也是一部学术著作。作者颜之推，是南北朝时期著名的文学家、教育家。该书成书时间不详，有人说撰成于隋文帝灭陈国以后，隋炀帝即位之前，是颜之推记述个人经历、思想、学识以告诫子孙的著作。该书共有七卷，二十篇：分别是序致第一、教子第二、兄弟第三、后娶第四、治家第五、风操第六、慕贤第七、勉学第八、文章第九、名实第十、涉务第十一、省事第十二、止足第十三、诫兵第十四、养生第十五、归心第十六、书证第十七、音辞第十八、杂艺第十九、终制第二十。

【《冤魂志》】是中国魏晋南北朝时期一部论因果报应的志怪小说，颜之推撰，共三卷。内容反映了封建统治阶级乱杀无辜的暴行及其内部矛盾和斗争，歌颂了廉洁明正的清官，反映了兵荒马乱年代人民遭受的苦难。《冤魂志》作为一部"释氏辅教之书"，宣扬佛家思想和教化是其主旨。围绕这一中心，《冤魂志》在内容上重点突出因果报应说，主要描述了因诸般恶行而遭受的报应，用以强调佛教冤报论信而有征。颜之推本人命运多舛，"一生而三化"，经历了诸多家国变故和人生磨难。心态的微妙变化，家族学佛的传统，使得颜之推一方面自觉地著书为佛教服务，推行教化；在另一方面，又寻求佛教中积极的一面，使之与儒家传统思想相融合。

【性三品说】颜之推宣扬性三品说，他把人性分为三等，即上智之人、下愚之人和中庸之人。他说："上智不教而成，下愚虽教无益，中庸之人，不教不知也。"他认为上智之人是无须教育的，因为上智是天赋的英才，不学自知、不教自晓。其次，下愚之人"虽教无益"，即使教他，也是无效果的，因为"下愚"是无法改变的。颜之推强调中庸之人必须受教育，因为不受教育就会无知识，陷于"不知"的愚昧状态。教育的作用就在于教育中庸之人，使之完善德性，增长知识。

第七章　百忍义门，九世同堂

——张公艺百忍家风

一、“一犬不至，百犬等食”

记得小时候村子里有棵大樟树，每年夏天，村子里的男女老幼都聚在大樟树下，一边乘凉，一边听老人们讲历史故事，小山村虽不富裕，但鸡鸣狗吠，炊烟袅袅，很是温馨祥和。这些情景和发黄的老故事虽然过去了几十年，仍然深深地刻在我童年的记忆里。记得村里的老人曾经讲过一个“一犬不至，百犬等食”的故事。《张氏族谱》中说，唐朝初年，寿张县（今河南台前县）有个姓张的大户人家，大家长张公艺治家有方，家族九世同居，全家族九百人共同居住，共同劳动，共同生活。每到吃饭的时候，“鸣鼓会食，群坐广堂”，即全家有九百多人一起吃饭。每到吃饭时间，以击鼓为号，全族人群坐在餐厅，男女分别入席，老人在上，晚辈在下，儿童另设桌凳。吃饭时，没有乱哄哄的场面，大家谦恭礼让，上下仁和，井然有序。据说受这样良好家风的影响，张家的一百多只狗也逐渐知道礼让了，一百多只家犬同槽而食，只要一只犬不到，其他犬都在槽边等着，于是有了张公艺家的狗“缺一不食”的传说。为了表达对张公艺家百犬义气和礼让的敬意，张公艺为这些知礼行义的狗儿们立了“家戌林”，也叫“狗坟子”。据说张公艺家“百忍堂”的墙壁上曾经画有《百犬等食图》。

这个故事很感人，尤其对于当今身处竞争激烈环境之中，为了追名逐利奔走不息而又身心疲惫的人们来说，更具有震撼力。这个故事也像是一幅美不胜收的风景画，可望而不可及。但查阅史书，我们发现，虽然《张氏族谱》说张家百犬等食，但正史中只有张公艺

（张氏家庙）

九世同居的相关记载，却不见张公艺家有“一犬不至，百犬等食”的相关记述。考诸元朝的《宋史》卷四百五十六《孝义·陈昉传》，却发现有如下记述：“（陈）昉家十三世同居，长幼七百口，不畜仆妾，上下姻睦，人无间言。每食，必群坐广堂，未成人者别为一席。有犬百余，亦置一槽共食，一犬不至，群犬亦皆不食。建书楼于别墅，延四方之士，肄业者多依焉。乡里率化，争讼稀少。开宝初，平江南，知州张齐贤上请仍旧免其徭役，从之。”这段记载的意思是说，宋朝初年有个人叫陈昉，他的家里全族合住在一起，已经有十三代没有分家，以至老老少少一共有七百多人同住一个屋檐下，不用婢仆，各种农活和家务都是家族成员集体劳作。人数虽多，但上上下下和睦相亲，从无间隙，也没有人有怨言。每餐吃饭时，场面真是壮观，但只见七百多人整齐有序地坐在宽阔的广场上，秩序井然，大家相互谦让，和平友好地就餐，从来没有见到过争先抢食的情况。未成年的孩子，则在另外一处有规有矩地吃饭。没想到的是，就是他们家养的一百多条狗，也令人惊奇，只见百犬同槽而食，只要有一只狗还未到，其他狗就肯定不吃，这一情景真叫所有人都惊奇感叹！这事也被州官张齐贤看到了，便上奏给了皇上，皇上便下诏免了他们家的徭役。

老人讲的故事显然与历史记载不符，把故事的主人公张冠李戴，宋代陈昉家的事被挪移到了唐代张公艺的头上。值得我们思考的是，在历史传承过程中，宋代陈昉家百犬等食的事为何会被移到唐代张公艺的头上呢？原来唐代张公艺治家有方，九辈同居，以百忍家风名垂史册。

二、金鉴家风，百忍传家

“金鉴家风”说的是唐朝宰相张九龄的故事。张九龄，字子寿，韶州曲江（今广东韶关市）人。唐玄宗为求治国安邦之策，诏令张九龄总结前代治国安邦的历史经验，以备借鉴。张九龄不敢怠慢，立即着手读书、思考，明断事理，并以犀利之笔综述历朝历代兴衰存亡之理，撰成五卷进呈。玄宗阅览后，对张九龄所撰之书甚为赏识，赐名为《千秋金鉴》，并作为治国智慧，放在身边时时阅读。

“百忍传家”是指唐朝张公艺的事迹。张公艺，字千禄，为人好义，乐于助人，修身养性，胸襟坦荡，待人处世宽宏大量，深知小不忍则乱大谋的哲理，不断告诫子孙当忍则忍，忍者有益。因为张公艺家教有方，道德高尚，故而能九世同居，得到唐高宗的表彰，旌为义门。

据《旧唐书》卷一百八十八《孝友传》记载，张公艺是唐朝初年郓

（唐朝的铜镜）

州寿张人（关于张公艺的出生地，一说是今山东台前县孙口乡桥北张，一说今山东阳谷县寿张镇），西汉“开国三杰”张良第26代孙。张公艺生于公元578年，卒于公元676年，活了99岁，经历了北齐、北周、隋朝和唐朝四代，是名副其实的老寿星。

从目前的文献资料来看，早在东晋时期，张氏家族已经是名门望族。北齐时文宣帝高洋曾经亲书“雍睦海宗”金匾，并派东安王携带金匾前去张家赐匾和慰问。从文宣帝高洋所赐金匾上“雍睦海宗”四个题字来看，当时张氏家族已经以家族和睦著称于世，并得到了朝廷的嘉奖。

隋文帝开皇八年（公元588年），隋文帝又为张氏家族亲书“孝友可师”的金匾，派邵阳公梁子恭携带金匾赴张公艺家进行慰抚，这也表明隋朝初年张氏家族以孝于父母、友于兄弟而远近知名。从目前的材料所知，张公艺一生都没有入仕为官，也没有什么功名头衔，只是一个平民百姓。可他自幼年就聪明好学，公道忍让，孝敬尊长，和睦邻里，颇得家人和村里人的赞誉与好评。他12岁顶门立户，主持家政。在他的精心治理下，张家形成了一个九代同居的大家庭。据《张氏族谱》记载：张公艺幼年有威德之望，正德修身，礼让齐家，立义和堂、制典则，设条教以诫子孙；是以父慈子孝，兄友弟恭，夫正妇顺，姑婉媳听，九代同居。合家九百人，每日鸣鼓会食；养犬百只，亦效家风，缺一不食。

其中，关于张公艺设立义和堂还有一个历史故事。据说，隋朝末年李世民曾单骑到占据任城（今山东济宁任城区）的徐圆朗的军中刺探军情，不幸被徐圆朗的人认出，被围攻捉拿。李世民杀开一条血路向西北方向逃走。当他来到寿张县张家庄前，一条河挡住了去路。河上有一独木桥，李世民身负重伤，人困马乏，不幸马失前蹄跌入河水中，李世民也随之落水，危在旦夕。恰好张公艺这时带领几个青年在河岸边习武，他见一壮士跌入水中，便忙把人救起，并扶到家中歇息，给他治病养伤。几天后，李世民便恢复了健康。当时，李世民不便说明自己的身份，就告辞起程走了。后来李世民登上皇位，一直没忘张公艺的救命之恩，所以在贞观九年（公元 635 年）特赐亲书"义和广堂"金匾并派使臣前去旌表。

据说有一天张公艺来到村前的河边散步，只见河流很宽，河水湍急，原来的独木桥已经腐蚀坍塌，村民们要过河就得乘坐渡船。撑船摆渡的船家做人不地道，不仅收费高，而且脾气大，态度还很不好，人们称他为"船霸"。张公艺看在眼里，急在心里，他思忖着，如果在已坍塌的独木桥处重修一座石桥，既坚固耐用，又可解决河流两边村民的过河问题。于是，张公艺自己带头，并凭自己的声望动员十里八乡的富户捐资建桥。当唐太宗派来的使臣来到张家庄时，张公艺正和乡亲们一起在当年李世民过河的独木桥处热火朝天地

（古贤桥遗址）

修建大石桥，工地施工场面很是火热。唐太宗派来的使臣赐完匾额后回京复命，并把张公艺带领乡亲在村前河流上修建石桥的情况向唐太宗做了汇报。唐太宗回想当年落水被张公艺救起的往事，很是感慨，于是便命令户部（相当于今天的财政部）拨了一笔钱，帮助张公艺把桥修建起来，并派尉迟敬德前去监修。不久，张家庄村前河流上一座长约 60 米、宽 6 米、高 7 米的石桥修建了起来，这座桥后来被称作“访贤桥”“古贤桥”，张家庄更名为古贤庄。

三、治家有方，九世同居

古人说，家和万事兴。家庭是社会的基本细胞，也是每个人人生的出发点。家庭和美，生活幸福，是每个人的期望。但是，古往今来，很多悲剧也是在家庭中发生的。修身难，齐家也不易。

《左传》里讲述了一个著名的家庭悲剧故事：郑伯的母亲生了他

与弟弟共叔段，但母亲在生郑伯时，因难产受惊吓，从此很讨厌郑伯这个长子，而偏爱弟弟共叔段。母亲和共叔段合谋继位虽然没有成功，但共叔段仍倚恃母亲的宠爱，惹是生非，而且对已经继承郑国王位的郑伯（即郑庄公）这个兄长很是不敬。郑庄公看到弟弟有母亲庇护，对共叔段的放纵行为也无可奈何。共叔段后来因为阴谋作乱而被杀，应验了“多行不义必自毙”的古语。郑庄公虽然继承了王位，对母亲过于偏心于弟弟共叔段有些不满，发誓与母亲“不及黄泉无相见”。但是，弟弟共叔段作乱被杀后，郑庄公又起悔意，可发过的誓言又没法破解，大臣中有个脑子灵活的人想了个变通的办法，即挖条地道见水而止，在地道中安排母子相见，二人冰释前嫌。清朝康熙年间吴楚材、吴调侯编了一本有名的蒙学读本《古文观止》，作者便将这个故事置为首篇，即有名的《郑伯克段于鄢》，不知是否有意要人们从小就牢记这一家庭的悲剧，作为今后人生的借鉴。

修身在于自律，齐家在于忍让。常言说：人生不如意事十之八九，如何面对，如何自处，都是挑战。做人心胸当然要豁达，但这豁达并非一蹴而就，而是要逐渐养成学会容忍，即是起点，而家是最好的训练场所。社会中，人与人都有各种矛盾，家家户户各有各的难处。比如说，一个人如果认为这个学校不好，可以转学。如果认为这个单位人事复杂，可以跳槽。但家庭很难选择，父母子女、兄弟姐妹都没有办法挑选，大家都要在一个屋檐下生活，忍是必须的，也是必要的。

张公艺以一介布衣之身，齐家有术，治家有方，张氏家族九代没有分过家，九百人同住一个屋檐下，和睦相处，被世人传为美谈。这和那些子女不孝、婆媳不和、兄弟纷争、姑嫂猜忌、妯娌吵骂现象形成了鲜明的对比。九代同居，众聚一堂，说起来简单，做起来难。人各有想法，总会出现冲突，能化冲突为和谐，古人总结出一个字“忍”。

唐高宗李治在位时，他听说张公艺家九世同堂，几百人同居，很是惊讶。他心想国家虽然有种种法令严厉禁止，还约束不住人们的犯法行为，一个家庭这么多人口在一块生活，怎么能管理得这么好？唐高宗心想：他这个皇帝之家，吃穿不愁，人人都饱读诗书，按理说应该通情达理，但是一家人还合不到一块呢。唐高宗想到自己的父亲李世民，为了争夺皇位，发动玄武门之变，杀害了哥哥和弟弟，骨肉相残。皇室家族都如此纷争，相互伤害，张公艺家九世同居，几百人共食究竟是真是假？如果是真的，这又是如何做到的呢？唐高宗想亲自去看个究竟。

麟德二年（公元 665 年）十月，唐高宗偕皇后武则天，带领文武百官离开都城长安去东海之滨的泰山封禅。回京途中，唐高宗想顺道去寿张县张公艺家看看。为了防止张公艺弄虚作假，唐高宗采取了暗访的办法，他和丞相张悦扮作一个游仙道人来到村子里，看到张公艺家近千人，分为四百个生活区居住，土地及一些财产完全归家族集体所有，男女服装统一制作，吃饭共同进餐。劳动时大家各尽所能，劳动果实公平享用。家族内部“父慈子孝，兄友弟恭，夫正妇顺，姑婉媳听”。这样的大家族，一日三餐是最大的麻烦事。唐高宗看到，张公艺家“鸣鼓会食，群坐广堂”。吃饭时，男人、女人、老人、青年各为一班，先食者与后食者互相礼让，年长者与年幼者上下仁和，一派和谐景象。张氏家族全体成员衣服统一制作，根据春夏秋冬四时节气，制作适宜各个季节的不同类型的服饰，服装样式按年龄段划分。所有服饰均整洁、美观、大方，让四方乡邻望之羡慕。张氏家族近千人生活在一起，长期和睦相处，无论谁家的年轻人结婚，全族人共享其乐，都视为自家的孩子办喜事。不管哪个妇女回娘家省亲，在街巷看到小孩，不分亲疏远近，都视同己出。

这时的张公艺已经88岁高龄，仍精神矍铄。唐高宗化妆成了一个游仙道人，虽然张公艺并不知道他的真实身份，但张公艺还是热情接待了唐高宗一行，带领他们东看看，西瞧瞧。所见的景象让唐高宗感慨不已。为了考查张公艺的治家能力，唐高宗取来两个梨子让张公艺分配给族人吃。梨少人多，唐高宗想看看张公艺如何分梨。只见张公艺命家人拿来工具，把两个梨捣成粉末，注入清水，做成梨汤，然后击鼓集合家人，每人喝一小勺，两个梨就这样公平分配给了近千个家人共享，真正做到了公平公正。

(《百忍图全书》书影)

当唐高宗问到张公艺的治家方法时，张公艺拿来纸笔，写了一百个“忍”字，并向高宗解释“百忍”的具体内容：百忍歌，歌百忍；忍是大人之气量，忍是君子之根本；能忍夏不热，能忍冬不冷；能忍贫亦乐，能忍寿亦永；贵不忍则倾，富不忍则损；不忍小事变大事，不忍善事终成恨；父子不忍失慈孝，兄弟不忍失爱敬；朋友不忍失义气，夫妇不忍多争竞；刘伶败了名，只为酒不忍；陈灵灭了国，只为色不忍；石崇破了家，只为财不忍；项羽送了命，只为气不忍；如今犯罪人，都是不知忍；古来创业人，谁个不是忍。百忍歌，歌百忍；仁者忍人所难忍，智者忍人所不忍。思前想后忍之方，装聋作哑忍之准；忍字可以走天下，忍字可以结邻近；忍得淡泊可养神，忍得饥寒可立品；忍得勤苦有余积，忍得荒淫无疾病；忍得骨肉存人伦，忍得口腹全物命；忍得语言免是非，忍得争斗消仇憾；忍得人骂不回口，他的恶口自安靖；忍得人打不回手，他的毒手自没劲；须知忍让真君子，莫说忍让是愚蠢；忍时人只笑痴呆，忍过人自知修省；就是人笑也要忍，莫听人言便不忍；世间愚人笑的忍，上天神明重的忍；我若不是固要忍，人家不是更要忍；事来之时最要忍，事过之后又要忍；人生不怕百个忍，人生只怕一不忍；不忍百福皆雪消，一忍万祸皆灰烬。

唐高宗听后深受感动，他生于帝王之家，见惯了尔虞我诈、宫廷争斗，又联想到当年自家兄弟当年互相残杀的家族悲剧，不禁潸然泪下。他当即封张公艺为醉乡侯，封张公艺的长子张希达为司仪大夫，并免除其丁赋徭役，亲书“百忍义门”四个大字。

相传，张公艺以忍治家，不但倡导家庭内互相忍让，对外也胸怀大度，宽宏大量。有人来借钱粮，张公艺很大方，对方能还则偿还，不能还也就作罢，从不追讨。有的乡邻借去牲口、犁耙和车辆，因困难所迫，使用以后并没有归还，而是卖掉了，张公艺也不许族人追究。如果这些乡邻再来求助，张公艺仍然救济他们。张公艺的这些行为传到天宫，玉皇大帝也知道了，便派太白金星查阅了张公艺的身世。太白金星经过仔细观察，发现了别人不能忍、张公艺却能忍的九十九件事。玉皇大帝心想：如果他再有一忍，我就给他建一座百忍堂。

（百忍堂）

有一天，张公艺家门前敲锣打鼓，客人来来往往，热闹非凡。这是张氏家族正为一个年轻人操办喜事，一天的忙碌，迎来了全家人的欢笑。不知不觉已是夕阳西下，到了掌灯时分。这时玉皇大帝就将自己的金拐杖化作一位游方和尚，化缘来到张家门口，说是要见大家长张公艺。有人立即去禀告，张公艺拄着拐杖出门相见。这个和尚对张公艺说：“贫僧远道而来，天色已暗，无处歇息，想到张家借宿一晚。”张公艺说：“此事好说，先请师父用饭，然后于客房内安排住宿。”和尚又说：“既蒙允诺借宿，已经是不胜感激，吃饭倒不必了，只是贫僧想借宿于新人的洞房，这对新人能否腾出洞房呢?”按照传统习俗，结婚大喜之日有和尚进门就不吉利，和尚又提出这样的无理要求，在座的人无不气愤，要求把这个无理的和尚赶走。可是张公艺摆摆手，并示意家人息怒。张公艺说：“好吧，既是师父有此心愿，今日又恰逢寒家子侄结婚，洞房已装饰一新，就请师父进洞房一宿吧!”在张公艺的安排下，新郎新娘另择房子，把这和尚安排到新房里歇息。第二天早晨，日上三竿，张公艺发现和尚还没有起床，便推门进去，想唤醒和尚起床用早餐。张公艺走到床边，见和尚还蒙头沉睡不醒，便轻声细语地说：“师父该起床了，斋饭已备，请起进餐。”连喊几遍，不见答应，张公艺便揭开被子一看，哪里有什么和尚，原来床上躺着的是一个金人。这时张公艺才想起昨晚做了一个梦，梦中见到玉皇大帝把他的金拐杖赐给了自己，并让他建修一座“百忍堂”，张公这才明白过来，昨天来的游方和尚并不是什么真和尚，而是玉皇大帝安排的。张公艺便用这堆金子盖起了“百忍堂”，以“忍”为本，教育后人，从此，玉皇大帝也没有金拐杖了。

附录一：资料摘编

【1】百忍歌，歌百忍；忍是大人之气量，忍是君子之根本；能忍夏不热，能忍冬不冷；能忍贫亦乐，能忍寿亦永；贵不忍则倾，富不忍则损；不忍小事变大事，不忍善事终成恨；父子不忍失慈孝，兄弟不忍失爱敬；朋友不忍失义气，夫妇不忍多争竞；刘伶败了名，只为酒不忍；陈灵灭了国，只为色不忍；石崇破了家，只为财不忍；项羽送了命，只为气不忍；如今犯罪人，都是不知忍；古来创业人，谁个不是

忍。百忍歌，歌百忍；仁者忍人所难忍，智者忍人所不忍。思前想后忍之方，装聋作哑忍之准；忍字可以走天下，忍字可以结邻近；忍得淡泊可养神，忍得饥寒可立品；忍得勤苦有余积，忍得荒淫无疾病；忍得骨肉存人伦，忍得口腹全物命；忍得语言免是非，忍得争斗消仇憾；忍得人骂不回口，他的恶口自安靖；忍得人打不回手，他的毒手自没劲；须知忍让真君子，莫说忍让是愚蠢；忍时人只笑痴呆，忍过人自知修省；就是人笑也要忍，莫听人言便不忍；世间愚人笑的忍，上天神明重的忍；我若不是固要忍，人家不是更要忍；事来之时最要忍，事过之后又要忍；人生不怕百个忍，人生只怕一不忍；不忍百福皆雪消，一忍万祸皆灰烬。

——佚名《张公百忍全书·百忍歌》

【2】为人子者学温良，温良恭俭才久长。

——佚名《张公百忍全书·训世俚言》

【译文】当儿子的要学习“温良恭俭让”的美德，做到了“温良恭俭让”才能够处世长久。

【3】父母大如天地，奉养最为诚虔。

——佚名《张公百忍全书·教妻尽孝》

【译文】父母对我们的恩情大如天地，侍奉起来最要紧的是诚心诚意。

【4】孝顺还生孝顺子，忤孽还产忤孽男。人若不孝不如畜，羔羊跪乳令娘欢；可羡乌鸦禽最贵，反哺酬恩宴母餐。

——佚名《张公百忍全书·戒俚言》

【译文】孝顺的人还会生孝顺的儿子，不孝的人同样会生不孝的儿子。一个不孝顺的人连牲畜都不如，小羊羔都知道跪着吃奶让母亲欣慰；最令人羡慕的是乌鸦的孝顺之心，反过来喂食物给母亲报答养育之恩。

【5】夫妇和而家道成，天地和而雨泽布；和顺二字值千金，勤俭同心家必福。

——佚名《张公百忍全书·训夫妇俚言》

【译文】夫妻和睦家庭才能兴旺发达，天地和谐就会风调雨顺；和睦孝顺这两条比千两黄金还要珍贵，同心同德勤俭持家就会富有起来。

【6】良朋守信真君子，取财以义终为利；贸易丝乎要公平，赚钱折本留心底。

——佚名《张公百忍全书·忍气词》

【译文】讲信用的朋友才是品德高尚的人，挣钱凭义气才能得到真正的利益；做生意一丝一毫都要讲公平，无论赚钱还是亏本都要讲良心。

【7】事不三思终有悔，气能一忍终无忧。

——佚名《张公百忍全书·诫训歌》

【译文】做事如果不三思而后行，一定会因疏漏而后悔；只有忍得住一时的冲动，才能心无所累，无忧无虑。

【8】贫家小户以勤俭为贵，富家尤不可草率。当施不施，天不与；当积不积，一世贫。

——佚名《张公百忍全书·和乐训妻》

【译文】贫寒的小户人家，则以勤俭为美德；富贵有余的大户人家，更不能草率行事。应当施舍的不施舍，老天是不会再给他的；应当积攒的不积攒，就会坐吃山空，一辈子受穷。

【9】少年不学老来悔，春不耕种秋无收。

——佚名《张公百忍全书·诫训歌》

【译文】年轻的时候不好好学习，等到年老的时候就会后悔，就如春天不播种，秋天就会颗粒无收。

【10】青春要有英雄气，男儿要为天下奇。

——佚名《张公百忍全书·诫训歌》

【译文】青年时期就要有壮志凌云的英雄豪气，做一个志向远大的非凡男子。

附录二：后人评说

【1】郓州寿张人张公艺九代同居，北齐时东安王高永乐诣宅慰抚旌表焉。隋开皇中大使邵阳公梁子恭亦亲慰抚，重表其门。贞观中特敕吏加旌表。麟德中高宗有事泰山，路过郓州，亲幸其宅，问其义由，其人请纸笔，但书百余"忍"字，高宗为之流涕，赐以缣帛。

——刘煦《旧唐书》卷一百八十八《张公艺传》

【译文】郓州张公艺九世住在一起，北齐的时候东安王到张宅慰问表彰。隋开皇时，大使、邵阳公梁子恭也亲自慰抚，表扬其门风。贞观时朝廷特派官吏前去加以表扬。高宗有事经过泰山，路过郓州，亲自到张宅，问他原由，张公艺拿起纸笔，只是写了百余个忍字，高宗为之流泪，并赏赐给他一些丝绸绢帛。

【2】寿张人张公艺九世同居，齐、隋、唐皆旌表其门。上过寿张，幸其宅，问所以能共居之故，公艺书忍字百余以进，上善之，赐以缣帛。

——司马光《资治通鉴》卷二百零一《唐纪十七》

【译文】张公艺九世同居，齐、隋、唐都表扬过其门风。皇上路过寿张，亲临张宅，询问九世同居的原因，张公艺写了百余个忍字，皇上称好，赐给他绢帛。

【3】“张公艺九世同居，唐高宗临幸其家，问本末，书忍字以对。天子流涕，遂赐缣帛。”牛山木评注：“张公艺寿张人，唐初名士，以治家有方著称。”

——（元）吴亮《忍经》

【译文】张公艺九世同居，唐高宗亲自到张宅，询问原因，张公艺写百余个忍字来回答。天子流泪，于是赐给他绢帛。牛山木评注：“张公艺是寿张人，他是唐朝初年的名人，以善于治家出名。”

【4】能其忍者，唯唐时张公一人而已。公自幼及老，事无论大小，人无论贤愚，莫不处之以从容，过之以乐易。在人见之为险阻者，公视之，皆坦夷也；在人见之为艰难者，公视之，若平易也。

——（明）清虚子语录

【译文】能忍的人只有张公一人罢了。张公艺从小到老，事情无论大小，人不论贤愚，莫不是从容应对，生活过得简单快乐。当人们认为其为险阻的事，张公艺都视之为平易之事；在别人看来是艰难的事，张公艺看来都是简单的事。

【5】张公艺以百忍字献高宗。论者谓其无当于高宗之失，而增其柔懦。亦恶知忍之为道乎！《书》曰：必有忍，乃克有济。忍者，至刚之用，以自强而持天下者也。忍可以观物情之变，忍可以挫奸邪之机，忍可以持刑赏之公，忍可以蓄德威之固。……公艺之忍而保九世之宗，唯闻言不信而制以心也，威行其中矣。不然，子孙仆妾噂沓背憎以激人于不可忍，日盈于耳，尺布斗粟，可操戈戟于天伦，而

能饬九世以齐壹乎。

——王夫之《读通鉴论》

【译文】张公艺写了《百忍歌》呈献给唐高宗。人们认为，张公艺的这些做法对于纠正唐高宗的过失起不到什么作用，反而让其更加懦弱，在治国理政中失去主见，唐高宗哪里知道"忍"是一门高深的学问和艺术呢。《尚书》中说，每个人要有一定的"忍"的精神和定力，才能获得成功。忍，虽然看起来是柔弱退让，但它是那些刚健有为者安济天下的工作和手段。忍可以静观事物的生息变化，可以挫败那些心术不正者的图谋，可以使赏和罚变得更加公正，可以让已树立起的威信保持稳定和持续。……张公艺正是因为能忍善忍，使其家族能够九世同居，昌盛不衰，其中的秘诀就是，不是把"忍"字挂在嘴上，而是内化为一种自觉意识。否则，这么大的一个家族，子孙仆妾众多，大家出言不逊，或恶语伤人，为了尺布斗粟等鸡毛蒜皮的小事，相互争斗，违犯人伦，如果这样，怎么可能维持九世同居不分家呢？

【6】张公艺郓州寿张人，九世同居。北齐东安王永乐，隋大使梁子恭皆旌表其门。麟德中，高宗封泰山，幸其宅，问公艺所以能睦族之道。公艺乃大书忍字百余以进，高宗感其意，为流涕，赐缣帛。

——《山东通志·孝友传·人物志》

【译文】张公艺是郓州寿张人，家族九世同居。北齐东安王永乐，隋朝的大使梁子恭都表扬其门风。麟德年间，高宗封泰山的时候经过张宅，询问张公艺能够九世和睦同居的原因。张公艺于是写了百忍歌，高宗感受到其意思，为之流泪，赐缣帛。

【7】张公艺九世同居，北齐、隋、唐皆旌表其门。上幸其宅，问所

以能之故，公艺书忍字百余以上，上善之，赐以缣帛。

——吴乘权《纲鉴易知录》

【译文】张公艺九世同居，北齐、隋、唐皆旌表其门风。唐高宗曾拜访张宅，询问张公艺能够九世而同居的原因。张公艺于是写了百忍歌，皇上称好，赐缣帛。

【8】唐张公艺，九世同居。高宗问其睦族之道，公艺请纸笔以对，乃书忍字百余以进。其意以为宗族所以不睦，由尊长衣食或有不均，卑幼礼节或有不备，更相责望，遂为乖争。苟能相与忍之，则家道雍睦矣。

——蔡振绅《德育课本・悌篇》

【译文】唐朝时有个姓张名叫公艺的，他家里竟有九代同住在一块儿不分家。高宗问其家族和睦共处的原因，张公艺就请求用纸笔来对答。张公艺提起笔来，竟接连写了一百多个“忍”字，进献到皇帝那里。按照张公艺的意思，大凡一户人家，宗族间的不和睦，往往是由于尊长的衣食不均，或者卑幼的礼节不完备。大家互相责问、互相怪罪，所以就发生了种种纷争。倘若大家能够互相忍耐些，那么家里当然是很和睦的了。

附录三：网上知识链接

【张公艺墓】位于今河南省台前县（原属山东寿张）孙口乡桥北张村南 200 米处，1963 年被山东省人民政府公布为重点文物保护单位。据张氏林地碑记载，原墓园广 20 余亩，松柏参天，仰视不见天日。墓前有石坊 3 座，石碑 10 余通。清光绪年间黄河屡次决口，墓园被冲毁，坟墓、石坊、碑碣淤埋于地下。其后人在墓址上堆起一座土冢，高 12 米，底直径 3 米。

【百忍堂】张姓堂号。唐代时，据史书记载，当时的郓州人张公艺，九代同居，竟和和睦睦，相安无事。唐高宗甚是好奇，便问其故，张公取出一张纸写下了一百个忍字，唐高宗十分赞誉，便赐号“百忍堂”。从此各地张姓大都以“百忍”为堂号，并列为祖训。其后人以此为堂号。

【古贤桥】建于公元 665 年，比赵州桥晚几十年，但规模比赵州桥大，可称“中华第一桥”。唐代古贤桥现与张公艺墓、张公艺祠堂连为一体，是今河南台前县三桥（京九铁路特大桥、黄河公路特大桥、唐代古贤桥）之一，将军渡百亩人造湖、金堤河公园旅游网络的中心，还可以作为张姓寻根的参观点，具有十分珍贵的旅游价值。古贤桥建设包括文物景观、园林景点、附属设施等。

【二十四悌】二十四悌故事源于湖州蔡振绅先生于 1930 年所编辑的《八德须知》，又称“八德故事”。二十四悌故事是作者受《二十四孝》启发，有感于德育教育的缺失，以“孝悌忠信，礼义廉耻”为核心，根据正史故事编著。悌集共分为四篇，每篇二十四个文化典故，比如有“泰伯采药”“赵孝争死”“许武教弟”“姜肱大被”“缪肜自挝”“公艺百忍”等。蔡先生精心编辑的“八德故事”由于时局的动荡而未能在社会上广为流布，直至 2001 年，杨淑芬老师整理重印此书，名为《德育课本》。

第八章　三十七个字的遗训

——包拯的“黑脸”家风

宋代包拯那张“大黑脸”已成了他独特的形象，定格在中国人的心中，固化在中国的历史文化里。包拯的脸其实没有那么黑，面目也没有那么让人生畏。史书里记载的包拯很帅气，文雅而又白静。包拯逝世后不久，他的家乡合肥为他建立纪念祠堂，这些纪念祠堂中包拯的泥塑坐像和石刻立像都是白脸长须，而且面目清秀。一个面目清秀、风度儒雅的包拯为何变成了一个恶狠狠的“黑脸包公”呢？有人考证后说，元代时期戏曲很兴盛，以包拯为素材创作的包公戏越来越多，但各个舞台上包公的脸谱都不一样。这时，一个戏班里的化妆师觉得这样不行，他想统一舞台上的包公形象，并设计出一副大家都能接受的包公脸谱。化妆师独自一人在家读与包公相关的剧本，冥思苦想，很是疲劳，不知不觉伏在书案上睡着了。化妆师睡得很沉很香，睡梦中一个黑脸大汉，头戴乌纱、身着官服向他走来。化妆师惊讶地问：“你是何人？为何如此装扮？”黑脸大汉哈哈大笑说：“我是谁，难道你也不认识？我就是你的戏班天天演唱的包拯。”化妆师说：“不，包拯不是一个大黑脸，是个白面书生。”黑脸大汉作揖行礼，说：“没有办法啊。我包拯铁面无私，仇恨我的人说我六亲不认、无情无义，背地里骂我‘包黑炭’。喜欢我的人说我刚正不阿、从不留情面，像黑色铁板一样，软硬不吃。因此，我干脆把自己的脸涂成黑色，任由人们去评说。”说完，黑脸大汉飘然而去。化妆师被惊醒了，他揉了揉迷糊的双眼，梦境中的一切似乎还很清晰。这次梦境给了化妆师灵感，他决定把舞台中的包公的脸谱画成黑脸，以表现包拯刚正不阿、公正廉明、铁面无私、执法如山的性格。从此以后，黑脸包公成为正义的化身，也是黎民百姓心中的希望。

包拯（公元999—1062年），字希仁，庐州府合肥（今安徽省合肥

（京剧中的包公脸谱）

市肥东县）人。宋仁宗天圣五年（公元1027年）中进士，历任知县、监察御史，后任天章阁待制、龙图阁直学士、开封府尹等职，官至枢密副使，是北宋时期知名度很高的官员。据史书记载，包拯为官清正，执法严明，北宋都城汴京有"关节不到，有阎罗包老"的谚语在民间流传。包拯死后，朝廷追封谥号"孝肃"，有《包孝肃奏议》十卷存于世间。

一、孝子包拯

据《包氏宗谱》《包拯墓志》等文献记载，包拯祖脉悠长，其远祖可追溯到春秋时期楚国的申包胥，包拯是申包胥的第35代孙。申包胥是个忠臣，在吴国大军压境、楚国被吴国打败的时候，平日里趾高气扬的满朝文武这时一个个或者变成了缩头乌龟，或者六神无主。危难之际，申包胥挺身而出，孤身一人前去秦国请求救援。申包胥风餐露宿，历尽艰险来到秦国，见到秦哀公，跪在地上向秦哀公请求说："吴国现在像野猪、长蛇一样恶毒，到处侵略，楚国被他们打败了，我们的国君都流亡在外。吴国很贪心，我相信他们在打败楚国后一定会进攻秦国。为了秦国的利益，请求您现在就出兵，帮助楚国打败吴国，恢复故土。如果秦国能出兵救楚，为了感谢秦国的恩德，我们楚国人世世代代侍奉秦国。"

秦哀公很势利，他认为对于秦国来说，出兵救楚国没有看得见的实实在在的好处，为何要出兵帮助楚国呢？秦哀公婉言谢绝了申包胥的请求，他派人对申包胥说："我知道了你的请求，也同情楚国的国难和目前的境遇，你的请求我会认真考虑的，请你先去客栈休息吧，等我们研究研究后再说。"楚国已经到了亡国的边缘，哪里还有时间去等呢。申包胥辛辛苦苦赶到秦国请求援军，却被秦哀公拒绝，申包胥着急了，他又去见秦哀公，说："我们的国家将要灭亡，我们的国君也流落在荒野草林之中，没有安身之地，身为臣子，我怎么敢去客栈休息呢？"想到国家的苦难，申包胥再也忍不住了，站起来对着宫廷的墙壁放声大哭，哭声很凄惨，不管申包胥如何恸哭，秦国就是不答应出兵救楚。据说申包胥在秦国的王庭上哭了七天七夜，眼泪哭干了，眼眶里渗出了鲜红的血。申包胥的忠诚勇毅终于感动了秦哀公和秦国的大臣们，秦国最终同意出兵帮助楚国。在秦国的帮助下，秦、楚联盟打败了吴国，楚国实现复国。搬来救兵的申包胥应该是楚国复国最大的功臣，面对楚昭王的封赏，申包胥坚决拒绝，他不要这些封赏，也不恃功自傲，反而向楚王请求告老还乡，归隐山水之间。岁月虽然消蚀了人们的各种苦难记忆，但申包胥哭秦庭所表现出来的忠义之气却是其子孙后代安身立命的精神支柱，也是中华民族宝贵的精神财富。

包拯的祖父包士通是一个平民百姓，读书耕田，日出而作，日入而息，过着平淡祥和的耕读传家生活。包拯的父亲包令仪是宋太宗太平兴国八年（公元 983 年）进士，官至刑部侍郎，与文彦博的父亲文洎是同事，两家关系很好。所以史书上说包拯与文彦博“方业进士，相友甚厚”，后来两家还结为儿女亲家。包拯兄弟 3 人，长兄包莹、二兄包颖都早年夭折，包拯便成为家中独子。《庐州府志》记载，包拯的父亲包令仪自幼刻苦读书，并考中进士，做过知县，三年后回到汴京，在朝为官，先后被授为朝散大夫，行尚书虞部员外郎，分帅南京（今河南商丘）上护军，南京留守等职，晚年致仕移家合肥城内居住。包令仪死后，朝廷追封他为刑部尚书，以表彰他在为官的时候对朝廷做出的突出贡献。在包令仪看来，勤奋读书、科举入仕应该是儿子包拯必然选择的人生之路。据史书记载，包拯家境并不富裕，但其父包令仪很重视“书文业儒”，即重视对孩子的教育和培养。包拯先在家乡“僧舍”“香花墩”等地拜师求学，后随父亲在官府读书。包拯曾经自称“生于草茅，早从宦学，尽信前书之载，窃慕古人之为，知事君行己之方，有竭忠死义之分，确然自守，期以勉循”。包拯的这段自述说明他从小接受过良好的儒家教育，仰慕古代圣贤，有“竭忠死义”的情操。

宋仁宗天圣五年（公元 1027 年），29 岁的包拯不负众望，金榜题名，考中甲科进士，被授任为大理评事，知建昌县。北宋时期建昌位于今天江西省的永修县，在当时靠步行或坐马车出行的时代，永修距离包拯的家乡合肥很遥远，这么远的路，包拯无法日常侍奉年迈的双亲。于是他向朝廷提出在家乡合肥附近做官，以方便照顾两位老人。鉴于包拯如此有孝心，朝廷便改授包拯为和州监税，虽然和州离合肥已经很近了，包拯想请父母随同去和州居住，以方便他照顾。但是父母担心他们会影响包拯的工作，不愿意随同包拯一起赴和州。包拯有些为难，这时他做出了一个惊人的决定，辞官回家，侍奉双亲。在包拯的精心侍奉下，父母尽享晚年之乐。几年后，包拯的父母相继去世，包拯在父母的坟墓边上筑草屋一间，为父母守丧，虽然按礼制庐墓三年守丧期满，包拯仍然哀毁过度，不愿离开父母墓地，远乡近邻见此情景，纷纷前来劝慰，包拯这才接受朝廷任命，于公元1037年赴天长县做知县。考科举、中进士、入朝为官是多少人的梦想，但包拯为了奉养父母毅然辞官，这种孝行让世人钦佩不已，一代文豪欧阳修也赞美包拯"少有孝行，闻于乡里"。古人说，人臣孝，则事君忠、处官廉。孝，德之本也，一个人在家孝顺父母，品行端正，言有信，行必果，必然家风正、行为端，走上工作岗位也会尽职尽责。

二、身正为范，不持一砚归

公元1037年，39岁的包拯赴天长县上任，开始了他二十多年的官宦生涯。不久，又徙知端州。为了表明自己的志向，包拯写了一首《书端州郡斋壁》诗，诗是这样说的："清心为治本，直道是身谋。秀干终成栋，精钢不作钩。仓充鼠雀喜，草尽兔狐愁。史册有遗训，毋贻来者羞。"包拯所说的清心就是心地淡泊，不恋功名利禄，不贪权势富贵；直道就是不偏不倚，公平公正。包拯的这首诗，表达了他为官清正、为人直道的做人做官原则。

包拯为官，政声卓著。包拯做官时，在处理政务方面很有智慧。公元 1037 年，包拯刚刚就任天长县令就有一位老农前来告状，说有人把他家里的一头耕牛的牛舌头割了。当时一头耕牛是一家人最重要的财产，也是农民赖以为生的本钱，北宋政府为了保护农业生产，严令禁止宰杀耕牛，现在居然有人偷割牛舌，这是一桩大案。包拯问明原委后，对来告状的老农说："你家的牛没舌头，吃不了草，几天就饿死了，你干脆回家把牛杀了，牛肉自己留一点吃，其余拿到市场上去卖掉。"按当时宋朝的法律规定，民间私杀耕牛是要犯法的，现在有县老爷的许可，那位老农回到家中就把受伤的耕牛杀了。第二天，县衙里又有人来告状，实名举报村里有人擅自屠杀了一头耕牛。报案人话音刚落，包拯便命人把这个告状的人绑起来，立即升堂审问："你为什么把别人家牛的舌头割了?"举报者被这突如其来的审问弄得惊慌失措，只得如实招供就是他割了别人家的牛舌头。原来包拯在接到老农关于家里耕牛牛舌被割的报案后，马上意识到这一定是寻仇陷害，于是使了个"引蛇出洞"之计，很快就抓住了割人牛舌的犯罪嫌疑人。包拯巧断牛舌案，因此被人们称为"智多星"。

包拯不仅巧断割牛舌案，还能迅速破获空口无凭案。北宋人吴奎在包拯去世后为包拯撰写了墓志铭，在这篇墓志铭中，吴奎讲了一个故事：开封有两个朋友在一起喝酒，其中一个人带了几两金子，他怕自己喝醉酒遗落了金子，便在喝酒前先把金子交给一起喝酒的朋友代为保管。可是，第二天当他酒醒以后，去朋友家讨回金子时，却遭到朋友矢口否认。这个人无奈，来到开封府告状。包拯听了双方的陈述后，找个借口把二人留在府中，暗中又派人去那个被告人家中，对被告人的妻子说："你丈夫已经承认昨天代朋友保管过金子，现在叫你交出来。"被告人的妻子信以为真，交出了金子。包拯把派去的人带回来的金子当堂出示后，被告人只得认罪，一个缺乏物证的案子就这么破了。

宋仁宗康定元年（公元1040年），包拯调任知端州（今广东肇庆市），在一般人看来，这可是个让人眼馋的肥缺。因为从唐朝开始，在端州的烂柯山一带出产一种砚台，世称端砚，是中国古代四大名砚之一。李之彦在《砚谱》中说：端砚真是难得之物，其质地细润无瑕，花纹美观，墨色光彩。据说端砚呵气可以研墨，发墨不损笔毫，文人用此砚台磨出的墨，油润生辉，墨泽光亮，不容易干涸，用端砚磨墨所作字画不怕虫蛀蚁食。端砚的材质、颜色、形状都是极佳上品，被誉为无价之奇货，世人都以获得或收藏一方端砚为福。唐朝诗人李贺有首诗《杨生青花紫砚歌》，诗中说"端州石工巧如神，踏天摩刀割紫云"，比喻端州石匠巧手如神，所制端砚当为文房四宝之最珍贵者，故有"端砚一斤，价值千金"之说。正是因为端砚的名贵，宋代已将端砚列为贡砚，规定端州每年要向朝廷进贡一定数量的端砚。端州以前的历任官员，除了给朝廷必须进贡的端砚之外，又利用手中的权力，打着进贡的旗号，大量攫取端砚，不仅将其作为宝物收藏，也作为礼物送给当朝权贵们，作权物交易，以砚谋私，让端州老百姓不堪重负，怨声载道。

包拯知端州后，命令制砚工人只按朝廷要求的进贡数量磨制端砚，不额外征收。包拯不谋私利的行为大大减轻了当地老百姓的负担，深受人民的欢迎。公元1042年，包拯任知端州三年期满，经考

（中国四大名砚之一的端砚）

核，成绩优秀，于是被召入京，在朝廷里任监察御史里行。包拯即将乘船离开端州时，端州百姓为了表达他们对包拯体恤民情的感激，特地送给包拯一方端砚。老百姓知道包拯品性清廉，怕他不肯收下这方砚台，便把这方端砚送到包拯随行人员的手中，请随行人员在包拯离开端州后在路上转交给包拯。包拯的随行人员看百姓送的是一方砚台，并非金银珠宝，便收下了。船出羚羊峡，刚行至江中不久，包拯的随行人员把老百姓送的端砚呈送给包拯，并说明事情原委。包拯听到随行人员的叙说后，没有接端砚，甚至连看都没看一眼，而是对部下进行严厉申饬，并随手将这方端砚抛入江中。包拯说："虽然不能把这方端砚归还给端州老百姓，我现在把它抛入江中，让它留在端州。"这就是包拯著名的"不持一砚归"的故事。

宋仁宗景祐五年（公元1038年），包拯调任庐州知府。庐州是包拯的老家，亲朋故旧、左邻右舍很多，中国人最讲人情，在家乡做知府，很容易陷入人情旋涡。但是，包拯对于前来套近乎的亲戚朋友一概不见，如果有事，公堂上见。欧阳修也说包拯在庐州时，故人、亲党皆绝之。包拯任庐州知府后，其堂舅以为有了靠山，做了一些违法扰民的事，受害人纷纷向包拯告状。包拯立即把舅舅传唤到府衙，升堂讯问，查明实情，发现老百姓并没有诬告，舅舅确实有违法行为，于是依法当堂杖责舅舅七十大板。包拯不徇私情，秉公执法，外甥杖责舅舅，赢得了家乡人民的一致称赞，而包拯的那些亲朋故旧再也不敢胡作非为了，因为包拯不可能成为他们违法乱纪的保护伞。

包拯为官 26 年，痛恨贪官污吏，在弹劾贪官时，他常常引用范仲淹的一句话"一家哭何如一路哭"。意思是说，弹劾处理一个贪官，只是贪官一家人在哭，而一方百姓就能免受其害了。如果贪官污吏得不到惩处，为害的就是一州一路，千千万万个老百姓就要遭殃。鉴于当时吏治之弊，包公在《乞不用赃吏疏》中说："臣闻廉者，民之表也；贪者，民之贼也。今天下郡县至广，官吏至众而赃污擿发，无日无之……虽有重律，仅同空文，贪猥之徒，殊无畏惮。"因此，包拯请求"今后应臣僚犯赃抵罪，不从轻贷，并依条施行，纵遇大赦，更不录用。或所犯若轻者，只得授副使上佐。如此，则廉吏知所劝，贪夫知所惧矣"。

正如有些学者们所说，包拯首先是一个孝子，然后作为一个好人，他才有可能成为一个好官。因此，如果我们从整个社会的角度来讲，要培养一个好官，就应该从家风出发，从家这个地方培养起，那是我们文化的根。

无欲则刚，清心才能寡欲。包公入仕之初，就把清心治本、直道处世作为时刻警醒自己的信条，形成了千古流芳的孝肃家风，成就了一个铁面无私、执法如山、爱民如子的"铁脸包公"。

三、临终三十七字遗言家训

包拯一生为人清心寡欲，为官直道，生活节俭，以清廉、刚直名重于时。曾巩曾经称赞包拯虽然做了大官，地位很高，权力很大，但他对自己要求很严格，生活很俭朴，从来不摆官架子，不用权力，一切都像没有做官时一样，与一般老百姓没有什么区别。

宋仁宗嘉祐七年（公元 1062 年）五月十三日，包拯正在枢密院处理政务时，因积劳成疾，突然病倒了。病卧在床的包拯感到自己时日无多，为了让子孙世代谨守清廉刚直的家风，他命家眷拿来纸笔，用颤抖的手写下这样 37 个字的遗言家训：

> 后世子孙仕宦，有犯赃滥者，不得放归本家；亡殁之后，不得葬于大茔之中。不从吾志，非吾子孙。

包拯这 37 个字的遗言家训是严厉告诫自己的子孙今后如果从政为官，绝不允许贪赃枉法，如果有谁因为贪赃枉法的行为而被依法惩处，罢官后不准回到故里，死了以后，也不允许葬在家族祖坟之中。如不顺从我的告诫，就不是我的子孙后代。包拯对自己的口授遗言还不放心，怕子孙有时忘记了，便嘱托包珙把这 37 个字的遗训刻在石碑上，立在堂屋东壁，让子孙们进出堂屋时都能看见，并时时提醒自己管住自己的嘴，不要胡吃海喝；管住自己的手，不贪污受贿。

包拯的遗训是包拯清廉刚正家风的一种凝练，直白而且严厉，他不但自己这样做，而且要求后代也必须这样做。史书记载，包拯的妻子董氏“内克尽妇道，外不失族人欢心者，盖十三年。孝肃渐

（包公祠中的“廉泉”）

贵，夫人与公终日相对，亡声伎珍怪之玩，素风泊然”。这里说的是包拯的妻子在家里相夫教子，贤慧勤劳，与邻里相处，也是温良谦让，与族人邻里关系亲密友好。虽然包拯的官越做越大，声望越来越高，但她没有夫贵妻荣之心，不恃贵骄纵，仍然和包拯相爱厮守，生活简朴淡雅，从来不贪图享乐。

包拯的长子包繶，读书入仕，曾被朝廷授官太常寺太祝。他廉洁自律，官声显著，可惜21岁时就英年早逝。包拯的次子包绶不论在何地任职，都能清苦守节。从当今发现的《包公（绶）墓志铭》看，包绶在濠州团练判官任上，奉公守法，卓有盛誉，郡守很是喜欢而且重用包绶。包绶卸任离开濠州时，不管是老百姓、州府的同事，还是贩夫走卒都众口一词，说包绶廉洁，爱护老百姓。遗憾的是，包绶在转任潭州通判途中，突然病故，人们在清理包绶的遗物时，发现除了皇帝赐予的诰轴与自己的一些藏书和著述外，没有其他任何值钱的东西，更谈不上有金银财宝了。包拯的清正廉洁之风，到其子包绶时，更加发扬光大了。

关于包拯的儿子和孙子，史书记载较为简略，据包拯第 35 代孙包先友搜集资料并整理研究，他理清了包拯儿子和孙子的传衍。包拯独生子包繶，19 岁成婚，21 岁病故，包繶曾育有子包文辅，不幸 5 岁夭折。包繶的妻子崔氏年轻守寡，丈夫去世后，不仅把包繶族内继子包永年抚养成人，又代替丈夫奉养公婆，终身不嫁。包拯除了正室董氏外，还有一个小妾孙氏。包拯 59 岁的时候，不知何故，孙氏被包拯逐出家门，回到娘家。孙氏被逐时，已经怀有身孕，但包拯并不知情。孙氏回到娘家，日子过得很凄苦。包拯长媳崔氏心地善良，很同情孙氏的遭遇，经常暗地里接济和帮助被包拯驱逐回娘家的孙氏。不久，孙氏生下一个男孩，取名包绶。包拯夫妇故去后，包绶由崔氏"以嫂代母"，抚养成人，娶亲成家。崔氏贞烈，受到皇帝嘉奖。包绶一直把嫂嫂崔氏视为母亲侍养，所以包氏家族至今还流传着"长嫂如母"的佳话。

包永年是包拯的孙子，也以廉和孝著称于世。《包公(永年)墓志铭》说：包永年字延之，曾被朝廷封为将仕郎，曾任处州遂昌县令。包永年在做地方官时，清廉奉公，从不扰民，史书上说他发扬光大了包拯的清廉遗风。由于包永年廉洁自守，他去世后，了无遗蓄，连丧葬棺木都是他的两个弟弟凑钱置办的。这些都说明，包氏子孙都一直恪守包拯的家训，居官清廉。

据安徽省相关新闻报道，1984 年 9 月，安徽省决定重修包拯墓。1987 年 10 月 1 日包拯墓竣工时，包拯的第 29 代孙、"华人世界船王"包玉刚携妻子黄秀英专程从香港来到合肥参加包拯墓落成典礼，并拜祭先祖包公。包玉刚还将父亲包兆龙"叶落归根，建设家

（合肥包孝肃公祠）

乡，热爱祖国”的 12 个字的遗训刻在石碑上，立在包公祠一旁的浮庄里。古人说，积善之家，必有余庆；积不善之家，必有余殃。包拯以身垂范，培养了包氏清正廉洁的家风，不仅影响了包氏家族子孙后代，也引导着中华民族子子孙孙走上廉洁奉公、努力为国家做贡献的人生道路。一千多年来，包氏家族一直把不贪赃、尚廉洁作为一条铁律家法，代代延续。包拯辛苦一生，两袖清风，没有给子孙后代留下任何物质财富，却流下了忠、孝、廉洁的宝贵家风。正如孔繁敏先生所说，凝结在包拯身上的忠、孝、廉的优秀道德品质，形成了一种“孝肃之风”，对包拯家族产生了重要影响。这种“孝肃之风”经过包氏裔孙继承光大，形成了包氏特有的“孝肃家风”，在潜移默化中润泽后世。

附录一：资料摘编

【1】后世子孙仕宦，有犯赃滥者，不得放归本家；亡殁之后，不得

葬于大茔之中。不从吾志，非吾子孙。仰珙刊石，竖于堂屋东壁，以诏后世。

——包拯《包拯集》卷四《家训》

【译文】后代子孙做官的人中，如有犯贪赃枉法的人，活着不允许进包家门；死了以后，也不允许葬在包家祖坟之中。不遵从我的志向的，就不是我的后代子孙。请把家训刻在石块上，竖立在堂屋东面的墙壁旁，以告诫后代子孙。

【2】廉者，民之表也；贪者，民之贼也。

——包拯《包拯集》卷三《乞不用赃吏疏》

【译文】清正廉洁的官员是老百姓的表率，贪赃枉法的官员是侵害老百姓的盗贼。

【3】清心为治本，直道是身谋。秀干终成栋，精钢不作钩。仓充鼠雀喜，草尽兔狐愁。史册有遗训，毋贻来者羞。

——《全宋诗》卷二二六包拯《书端州郡斋壁》

【译文】清心是治身的根本，直道是处事的要诀。笔直而细小的树干，一定会长成支撑大厦的栋梁；百炼的精钢绝不做弯曲的钩子。仓库里堆满了粮食，老鼠和麻雀都会高兴；田野里寸草不生，兔子和狐狸都会发愁。史册上记载着古人许多宝贵的教训，做官就要做个好官，不要留下耻辱，被后人耻笑。

【4】臣生于草茅，早从官学，尽信前书之载，窃慕古人之为，知事君行己之方，有竭忠死义之分，确然素守，期以勉循。

——包拯《包拯集》卷三《求外任三》

【译文】我生于平民家庭，从小学习为官的各种知识，信奉古书的记载，仰慕古人的行为，知道为官要做好自己的事情，行为要端正，要竭尽忠心，敢于献身，坚持操守，遵循法则。

【5】仕至通显，奉己俭约，如布衣时。

——曾巩《隆平集》卷上《孝肃包公传》

【译文】身份显贵之时，仍然以朴素节俭要求自己，和平民百姓时一样。

【6】固宜推择真贤，讲求治道，外则黜郡守县令不才贪懦苛虐之辈，以利于民；内则辨公卿大夫无状谄佞朋比之徒，以肃于朝。

——包拯《包拯集》卷一《论取士》

【译文】应当推举选择真正的贤良人才，讲求治政正道，在朝廷之外要罢免那些贪财无能、道德败坏、苛刻暴虐的地方官员，以利于百姓；在朝廷内部要分辨那些花言巧语、阿谀奉迎、互相勾结、结党营私的公卿大夫，以严朝纲。

【7】欲乞今后应臣僚犯赃抵罪，不从轻贷，并依条施行，纵遇大赦，更不录用。

——包拯《包拯集》卷三《乞不用赃吏疏》

【译文】我请求从今以后，任何官吏，无论官阶大小、职位高低，如果因贪赃犯罪，不允许从轻发落，必须依法律条文严惩不贷。如遇国家大赦，虽然免其罪罚，但永远不能再录用为官。

附录二：后人评说

【1】维德清廉，一砚不持留圣迹；贤明正直，万民敬仰颂青天。

——砚洲岛包公楼楹联

【译文】品德高尚、清正廉洁，一个砚也没有收下；贤明且正直，百姓都敬仰歌颂包青天。

【2】拯性峭直，恶吏苛刻，务敦厚，虽甚嫉恶，而未尝不推以忠恕也。与人不苟合，不伪辞色悦人，平居无私书，故人、亲党皆绝之。虽贵，衣服、器用、饮食如布衣时。

——脱脱《宋史》卷三百一十六《包拯传》

【译文】包拯性格刚直，很反感各级官吏为人做事苛刻冷漠，而欣赏官吏温柔敦厚的作风。包拯虽然嫉恶如仇，但他还是能够宽容他人，能够体谅他人的难处。如果志不同，道不合，包拯绝对不会曲意奉迎他人，以邀名利。包拯虽在各地为官，从来不违背原则照顾亲朋好友。包拯虽然入仕做官，手中有权，但他仍然保持节俭的作风，所穿衣服、所用器具及一日三餐与原来没有做官时一样。

【3】正气耿光昭日月，廉洁清楙妇孺知。

——合肥包公祠的楹联

【译文】浩然正气可昭日月，廉洁清明妇孺都知道。

【4】庐州有幸埋廉相，包水无言吊直臣。

——吕选中题包孝肃公墓园的楹联

【译文】庐州何其有幸，成为廉相埋骨之地；包水静默无声，仿佛还在凭吊一代直臣。

【5】立朝刚严，闻者皆惮之，至于闾里童稚妇女亦知其名，贵戚宦官为之敛手。

——朱熹《五朝名臣言行录》

【译文】包拯立朝刚正严厉，闻者都很忌惮他，至于村里街巷儿童妇女都知道他的名气，贵戚宦官因为他有所收敛。

【6】人以包拯笑比黄河清，童稚妇女，亦知其名，呼曰“包待制”。

京师为语之曰:"关节不到,有阎罗包老。"

——脱脱《宋史》卷三百一十六《包拯传》

【译文】人们把包拯笑比作黄河水清(一样极难发生的事情)。小孩和妇女也知道他的名声,叫他"包待制"。京城里的人因此说:"(暗中行贿)疏不通关系(的人),有阎罗王和包老头。"

【7】宋有劲正之臣,曰"包公"。……其声烈表爆天下人之耳目,虽外夷亦服其重名。朝廷士大夫达于远方学者,皆不以其官称,呼之为"公"。力于亲,尽瘁于君。峻节高志,凌乎青云。人或曲随,我直其为。人或善容,我抗其辞。自始及终,言行必一……惟令名之皎洁,与淮水而悠长。

——吴奎《包拯墓志铭》

【译文】宋代有正直的臣子,叫包公。……他的名声天下人都有耳闻,即使是外夷也敬重他的名气。朝廷中的士大夫和远方学者,都不称呼他的官称,称呼他为"公"。他身体力行、鞠躬尽瘁侍奉君主,高风亮节,志向高远,直上云霄。有的人曲意逢迎,包公一直保持正直。有的人善于纵容,包公反对这种言论。自始至终,言行一致……名声如皎洁的月光,和淮水一样悠长。

附录三:网上知识链接

【合肥包孝肃公祠】包孝肃公祠位于合肥市环城南路东段的一个土墩上,是包河公园的主体古建筑群。包公祠是纪念宋龙图阁直学士、礼部侍郎、开封府尹包拯的公祠。祠为白墙青瓦构筑的封闭式三合院组成。主建筑是包公享堂,端坐包拯高大塑像,壁嵌黑石包公刻像，威严不阿，表现了“铁面无私”的黑脸包公的凛然正气。享堂西面配以曲榭长廊；东面有一六角龙井亭耸立，内有古井，号“廉泉”。亭栏画栋顶端雕有浮龙，晴天白日，龙影映入井底，随着井水晃动，如龙飞舞，俗称“龙井”。清末举人李国苇根据传说写了《井亭记》，发出“抑或孝肃祠旁之井为廉泉，不廉者饮此头痛欤，是未可知也”的议论，世人改称古井为“廉泉”。其祠四面环水，正门朝南，西廊陈列包氏支谱、遗物、包公家训和包公墨迹，以及有关史册资料。祠四周即包河，相传生红花藕，断之无丝，“包老直道无私，竟及于物”，因此传为佳话。

【廉泉】廉泉位于包公祠东面，是花亭里的一口水井。井沿是黑褐色的青石，石壁内侧是一道道被井绳勒得极深的纹道。传说廉泉有一种特别神奇的地方，就是会因不同的人产生不同的味道。普通老百姓喝了会解渴。清官喝下去，清洌可口，甘醇香甜；但是如果贪官喝下去，必定苦涩难咽，像有芒刺封喉，而且当场头痛欲裂，无药可医。唯一能够减缓病痛的偏方是喝一碗狗尿。

【包公戏】包拯去世后，包拯故事就在民间流传，并逐渐被搬上舞台，形成了中国文化中独特的包公戏。《合同文字记》(《包待制智赚合同文字》)和《三现身包龙图断冤》是最早的宋人创作的包拯断案故事。《宋四公大闹禁魂张》虽不是包拯断案故事，但在篇末出现了包拯的名字：“直待包龙图相公做了府尹，这一班盗贼，方才惧怕。各散去讫，地方始得宁静。”但总的来说，在流传下来的宋元话本中，包拯的故事并不多。

元代是中国戏剧艺术大发展的时期，元杂剧的名目约有六七百种，保存到今天的剧本也有 162 种，其中包公戏就有《包待制陈州粜米》(无名氏)、《包龙图智赚合同文字》(无名氏)、《神奴儿大闹开封府》(无名氏)、《包待制三勘蝴蝶梦》(关汉卿)、《包待制智斩鲁斋郎》(关汉卿)、《包龙图智勘后庭花》(郑庭玉)、《包待制智勘灰阑记》(李潜夫)、《王月英元夜留鞋记》(曾瑞)、《叮叮当当盆儿鬼》(无名氏)、《包待制智赚生金阁》(武汉臣)、《鲠直张千替杀妻》(无名氏)等 11 种,是已知元杂剧中最多的个人故事剧目。

明代的包公戏,没有元代那样兴盛,现在有目可查的有 8 种,保留到今天的剧本有《胭脂记》(童养中)、《袁文正还魂记》(欣欣客)、《桃符记》(沈璟)、《高文举珍珠记》(无名氏)、《观音鱼篮记》(无名氏)等 5 种。

清代包公戏保存有 9 个剧目,现存其中《乾坤啸》(朱佐朝)、《双钉案》(一名《钓金龟》)(唐英)、《正昭阳》(石子斐)三个剧目的剧本。

晚清民初是包公戏的爆发时期,出现了大量的包公戏剧目。至今仍然在各种地方戏曲中上演的包公戏就有几十种,其中的《狸猫换太子》《秦香莲》《乌盆记》《铡包勉》《赤桑镇》《铡判官》《打龙袍》《打銮驾》《黑驴告状》《双包案》《花蝴蝶》等剧目真可谓是家喻户晓,常演不衰。

【包青天】包拯廉洁公正、立朝刚毅,不附权贵,铁面无私,且英明决断,敢于替百姓申不平,故有“包青天”及“包公”之名,京师有“关节不到,有阎罗包老”之语。后世将他奉为神明崇拜,认为他是二十四星宿中奎星转世,由于民间传其黑面形象,亦被称为“包青天”。

第九章　天下为公，担当道义

——张载"横渠家风"

习近平总书记对当代知识分子寄予厚望，也对新时代的知识分子提出了很高的要求。2016 年 5 月 17 日，在哲学社会科学工作座谈会上，习近平总书记说："自古以来，我国知识分子就有'为天地立心，为生民立命，为往圣继绝学，为万世开太平'的志向和传统，一切有理想、有抱负的哲学社会科学工作者都应该立时代之潮头，通古今之变化，发思想之先声，积极为党和人民述学立论，建言献策，担负起历史赋予的光荣使命。"

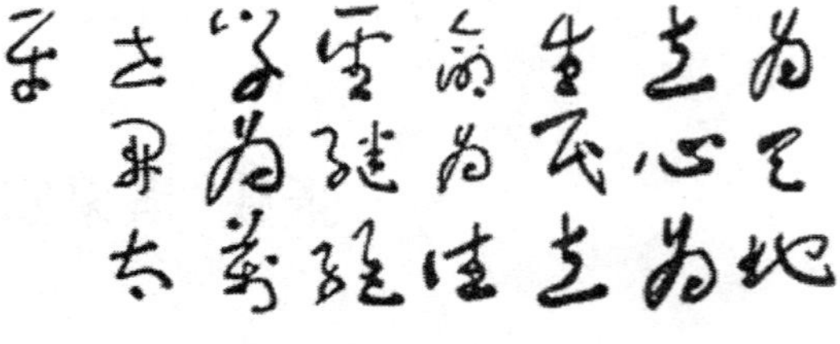

（于右任书《横渠四句》，该碑现存于陕西横渠书院）

习近平总书记所引用的"为天地立心，为生民立命，为往圣继绝学，为万世开太平"四句话出自北宋时期的张载，一般被人称之为"横渠四心""横渠四句"或"横渠四句教"。

一、学者名宦

说到"横渠四心"，当然要知道说这四句话的人张载。张载究竟是一个什么样的人呢？他有什么样的魅力能让习近平总书记还惦记着？

号称晚清"中兴第一名臣"的曾国藩曾经撰写了一篇《圣哲画像

记》,他从中国历史上众多伟人中精选出32位名人,以之作为指导子孙治学的门径。曾国藩所选的32位历史名人是:文周孔孟,班马左庄,葛陆范马,周程朱张,韩柳欧曾,李杜苏黄,许郑杜马,顾秦姚王。

曾国藩心中的"周程朱张"分别是指宋代周敦颐、程颢和程颐兄弟、朱熹和张载。北宋中期,张载曾经讲学关中,他的思想被称为"关学",与周敦颐的"濂学"、程颢和程颐兄弟的"洛学"、南宋朱熹的"闽学"并称为宋代的四大学派。有人说,孟子死后一千多年间,得孔子之心传者只有周、程、张、朱数人。这种说法已被大家接受并成为共识,"濂、洛、关、闽","周、程、张、朱"也成为人们指称宋代理学的代名词,为了押韵,曾国藩将其改为"周程朱张"。

据《宋史·张载传》记述,张载字子厚,祖籍河南开封,生于宋真宗天禧四年(公元1020年),卒于宋神宗熙宁十年(公元1077年),享年57岁。张载的祖父张复在宋太宗、宋真宗、宋仁宗三朝都做了官,而且在宋真宗时还做到了给事中的较高官位。父亲张迪官做得不大,宋仁宗时做过殿中丞、知涪州事,属于中下级官吏。张载还未成年,父亲张迪就病逝于知涪州任上。古人说,树高万丈,落叶归根,张载一家人扶着父亲的灵柩从涪州回老家河南开封。由于张载和弟弟张戬年幼,全家走到凤翔眉县(今陕西眉县)横渠镇时,钱花光了,无力再前行,便把父亲安葬于此,一家人在横渠镇南大振谷口侨居下来,张载的父亲最终没能归葬故乡大梁(今河南开封)。

张载从小天资聪颖,而且思想成熟较早。当他看到宋朝西北边境总是受到西夏的侵犯,宋朝又是屡战屡败,显得十分无能,年仅14岁的张载就向当时任陕西经略安抚副使、主持西北防务的范仲淹上书《边议九条》，陈述自己的见解和意见。而且他还准备联络一些有志青年去攻取被西夏所占之地，为国立功。范仲淹认为张载年龄虽小，但很有思想和胆略，是一个难得的人才，可成大器。范仲淹对张载说："你先去好好读读《中庸》，学习《尚书》，先不要言兵事，等你把儒家的这些经书读好了，再来谋划军事不迟。"张载听从了范仲淹的建议，遍读儒学、佛学、道家之书，经过十多年的钻研，逐渐建立起自己的学说体系——关学。

宋仁宗嘉祐二年(公元1057年)，38岁的张载考中进士，并被朝廷录用为官，先后担任祁州司法参军、云岩县令、著作佐郎等官职。在做云岩县令时，张载办事认真，政令严明，清正廉洁，处理政事以"敦本善俗"为先，推行德政，重视道德教育，提倡尊老爱幼的社会风尚。

王安石在宋神宗的支持下，开展了轰轰烈烈的变法运动。御史中丞吕公著以张载学问渊博为由向宋神宗推荐他，称赞张载学问好，"四方之学者皆宗之，可以召对访问"。于是宋神宗下令召见了张载，并当面问他治国之法，张载应对如流，甚为得体，宋神宗很是满意，不久任命他为崇文院校书，辅助国政。当时正值王安石担任宰相，推行变法改革。有一天，张载见到王安石，王安石对他说："朝廷要实行新法，恐怕会有障碍，你能助我吗?"张载回答说："如果您能与人为善，那么天下之士谁不顺从呢？如果您教玉人琢玉，强人随己，恐怕就会有人反对了。"因为张载的想法与王安石并不完全一致，两人谈话的结果自然是"语多不合"，双方都很不愉快。张载看到无法与王安石合作，决定辞去官职，但是未获批准。时隔不久，随着新法的推行，变法与反变法的斗争日益尖锐，张载之弟张戬成为反对变法的中坚力量，与王安石产生激烈冲突，张载怕卷入复杂的政治旋涡，辞官回到横渠镇。

（陕西眉县横渠镇横渠书院）

张载回到眉县横渠镇，隐居于此，一边亲自耕种百亩薄田，养家糊口；一边设馆讲学，著书立说。张载有首诗描述了当时清贫而又惬意自在的生活，诗是这样写的："土床烟足䌷衾暖，瓦釜泉乾豆粥新。万事不思温饱外，漫然清世一闲人。"张载去世后，他的学生及后人为了纪念他，将其讲学的地方崇寿院更名为横渠书院。

二、"四心""六有"和"十戒"

张载入朝任崇文院校书，主要是因为他有学问，宋神宗遇到疑问或棘手的问题时可以随时向他请教，王安石在变法过程中也有一些问题需要向张载咨询。有一天，王安石约见张载，并对他说："朝廷正要推行新法，遇到许多困难，想请你帮忙，你愿意吗？"张载一面称赞王安石的改革，但因为政见不尽相同，同时又含蓄地拒绝参与变法，这引起了王安石的不愉快。张载情知不妙，要求辞去崇文院校书职务，未获得批准。不久，张载被派往浙东明州（今浙江省宁波）处理苗振贪腐案。张载处理完苗振案后，回到朝廷，他不想卷入朝廷上变法与反对变法的政治纷争，便以生病为由，退居南山下，心无旁骛地读书。据史书记载，张载在这段时间每天“左右简编”，身边都是书，“俯而读，仰而思，有得则识之”。张载的读书方式很特别，他是一边读书，一边思考，一边写作，读而思之，若有所得，便把问题记录下来。据说他曾“立数千题”，即确定了几千个要思考的问题。据说张载撰《正蒙》时，书稿完成后他还一直在修改，“或中夜起坐，取烛以书”，即有的时候半夜突然想起什么来，便趁着烛光赶紧写下来，以免忘了。因此，《正蒙》书稿虽然写好了，但张载好长时间都不拿出来给学生看。张载的书读得扎实，问题思考得深入，所以他的思想很深刻。

张载一生读书多，著作多，其思想博大精深，在古今中外思想史上占有很重要的地位。但张载留给他的子孙后代最有名的还是他的“四句教”“六有”和“十戒”。

张载收徒讲学，学生以千数，他对子孙和对学生的一些训诫和教诲被人们记录或摘编出来，大多收录于《张子语录》中。《张子语录》话虽不多，但意义甚广，成为宋代以后的读书人尊奉的圣贤之文。张载传承至今的这些语录中，影响最为深远的就是他所说的四句话：“为天地立心，为生民立命，为往圣继绝学，为万世开太平。”张载的“横渠四句”是他一生中对“天、地、人”及万物、万象最精辟的总结。他的意思是要求读书人努力探索天地真知，为天下百姓谋求幸福，同时要继承古圣先贤优秀的传统文化，开创一个万世太平的社会。张载的“四句”家训，不是一般意义上的家训，而是从更高层次上确立的人生价值取向，凝聚着张载对家庭和社会、对国家和民族命运的深切关注和责任担当，其气魄之宏大，内涵之丰富，可谓前所未有。这四句话，虽然不同版本的《张子语录》文字略有不同，但基本意义都没有改变。宋代以来，“横渠四句”流传甚广，已经超越了张氏家族或张载弟子的传诵范围。1840 年以后，国家多遭劫难，“横渠四句”成为无数志士仁人救亡图存的精神源泉。

如何践行家风家训呢？张载教导他的子孙们要知行合一，践行家族里的家规家训，就必须做到“六有”，即言有教、动有法、昼有为、宵有得、息有养、瞬有存。张载的意思是说：做好一个人，说话要有教养，行动应有规矩；白天要有所作为，晚上应当静思自己的心得；休息时必须保养身体与气质，在瞬息之间也不能放心外驰，而要有收获存养。

如果说“横渠四句”是张载对于子孙提出的做人最高原则，那么“六有”就是张载指导子孙实现“横渠四句”的门径。为了防止子孙们得意忘形，言行越轨，张载又拟订了家规“十戒”。这十戒是：一戒逐淫朋队伍，二戒好鲜衣美食，三戒驰马试剑、斗鸡走狗，四戒滥饮狂歌，五戒早眠晏起，六戒依父兄势、轻动打骂，七戒喜行尖戳事，八戒近昵婢子，九戒气质高傲、不循足让，十戒多谗言、习市语。用现在的话说，这十戒是说：不要结交社会下流人员不务正业；不要喜好吃喝玩乐、穿着艳丽；不要喜好遛狗骑马、比剑斗鸡、招摇过市、玩物丧志；不要喜好喝酒、贪恋歌舞；不要睡得早、起得晚、不勤奋；不要倚仗宗族、兄弟势力欺负人；不要不守法律规矩、带头闹事；不要亲近女仆、关系不当;不要心高气傲、不懂礼仪、不尊重他人、不懂得谦让;不要说虚伪不实的话、讲粗俗的污言秽语。这十条家族戒规反映了张载及家族的一种文化信念,为张氏后裔子孙为人处世立下了规矩。在“六有”“十戒”基础上,张载对于子孙们还提出了更高的道德规范要求,特别是撰写了《东铭》和《西铭》训辞,书于书院大门两侧,是家族弟子与学生必须烂熟于心的座右铭。

张载在《东铭》中说:“戏言出于思也,戏动作于谋也。发乎声,见乎四支,谓非己心,不明也。欲人无己疑,不能也。过言非心也,过动非诚也。失于声,缪迷其四体,谓己当然,自诬也。欲他人己从,诬人也。或者以出于心者,归咎为己戏。失于思者,自诬为己诚。不知戒其出汝者,归咎其不出汝者。长傲且遂非,不知孰甚焉!”这段话的意思是:戏弄、嘲笑别人的言语来自不正确的思想,戏弄人的行动是由错误的思想引起的。思想支配着人们的言语和行动。既然已经说了错话,而且表现在行动上,众人都听见了、看见了,却硬说不是出于自己的本心,这是极不明智的行为。如果还想掩饰自己的错误,想叫别人不怀疑自己有越轨的言行,这是不可能的。有的人无意中说出了错误的话,无意中干出了错误的事,不想承认,而且错误缠身,陷入迷途而不能自拔,到了这种地步,还不醒悟,不知悔改,却反而为自己的错误辩解,这是自己欺骗自己;想叫别人也随声附和,原谅自己,这是欺骗别人。有的人很不诚实,把明明是自己有意识说的错话、做的错事,却硬说是无意说的,无意做的。自己错了不严责自己,不诚心悔改,反而千方百计进行掩饰,助长自己的骄傲情绪,以致一错再错,造成无法弥补的后果。这种人是何等糊涂,何等不明智啊!

（张载画像）

张载在《西铭》中说："尊高年，所以长其长；慈孤弱，所以幼吾幼；圣其合德；贤其秀也。凡天下疲癃、残疾、惸独、鳏寡，皆吾兄弟之颠连而无告者也。于时保之，子之翼也；乐且不忧，纯乎孝者也。违曰悖德，害仁曰贼；济恶者不才，其践形，惟肖者也。"学者们把它译成白话文，就是这样的意思：人们都应该尊敬年老的人，要像尊敬自己的长辈一样去尊敬一切老人；要爱护所有孤独弱小的儿童，就像爱护自己的儿女一样。被尊称为"圣人"的人，是最有德行的模范人物；被誉为"贤人"的人，是优异之辈。凡是年老体衰和身有残疾的人、孤苦伶仃和无依无靠的人，都是我们的同胞兄弟姊妹，他们受苦受难，颠沛流离而无处申诉。及时地照顾好长辈，是子女应尽的责任；使老人快乐而无忧无虑地生活，是真正纯粹的孝道。不遵纪守法，是违犯道德的行为；破坏社会公德、祸害好人，是最凶恶的盗贼；自己妄为，又勾结别人作恶，是最坏的人。只有那些维护道德风尚、遵纪守法的人，才是最美好、最善良的人。

三、横渠家风，泽被后世

张载活着的时候，清白为官，教书育人，活得堂堂正正。去世时，家里穷得棺木都置办不起，还是他的学生共同捐钱买来棺木安葬。张载逝世后，他的妻子郭氏传承家风，铭记张载的教诲。按宋朝的政策，张载死后，其子张因本来可以经过门荫制度入仕为官，但是郭氏婉拒了朝廷门荫的政策恩惠，带着儿子张因回到河南娘家，过着平淡的生活。据《张氏族谱》记述，到明朝万历四十八年（公元1620年），时任凤翔知府沈自彰仰慕张载的为人及其学问，把张载的后裔迎回关中。

张载的胞弟张戬也是中国历史上一位有影响的人物。在哥哥的影响下，张戬发愤读书，20岁左右就考中进士，在监察御史任上以刚正不阿、尽职尽责为百姓所称道。张载对弟弟张戬的人品和处世风格很赞同，他谦虚地对人们说："我弟弟德行上的优点我是比不上的。他勇于担当、正道直行以及不屈不挠的精神，可与孔子的徒弟子夏相媲美。有这样的弟弟，我们这一辈仁爱之道还怕不能发扬光大吗？"当时的人对他们兄弟很尊重，尊称他们为"两张先生"。

张载代圣人立言，并且以身作则，践行他的思想和做人的原则，受到人们的普遍尊重。张载确定的家训、奠定的横渠家风除了影响张氏家族子孙以外，在他的学生的弘扬和推广下，还泽被关中大地，教化着当地的民风、社风，成为关中家风的重要组成部分。宋神宗熙宁九年（公元1076年），吕大防和张载的学生——吕大忠、吕大钧、吕大临，号称"蓝田四吕"一起，根据张载的礼制思想和家族观

(《吕氏乡约》书影)

念，制订和实施了我国历史上最早的成文“村规民约”——《吕氏乡约》。《吕氏乡约》首先确立了乡规民约的四条原则：“德业相劝；过失相规；礼俗相交；患难相恤。”在这四条原则下，“蓝田四吕”还拟订了3 000多字的乡民应该遵守的行为“细则”。明代著名教育家冯从吾赞扬说：自从《吕氏乡约》在关中推行以后，“关中风俗为之一变”，形成了守仁爱、重礼义、护家邦的关中家风。

据有关媒体报道，有记者曾经深入关中采访，记者们采访到张载第28代孙张世敏老人，老人回忆说：“先祖张载的‘横渠四句’作为张氏家风家训在全国各地许多张氏祠堂都能看到。我记得小时候每年春节，祭祀完祖宗后，我们小孩子就要开始背‘横渠四句’，如果背不出来，或背的有错误，我们的族长爷爷，还要用长烟斗敲一下你的手，表示惩罚。”从这里可以看出，历经千年，先祖张载还是张氏家族子孙学习的榜样，“横渠四句”还是张氏家族孩子们心灵启蒙的篇章。

附录一:资料摘编

【1】为天地立心,为生民立命,为往圣继绝学,为万世开太平。

——张载《张子语录》

【译文】为天地竖立自己的内心;为教育生民修德自强,认识命运,把握命运;为先贤继承其精神教诲,教化万民;让万民安身立命,求得天下太平。

【2】富贵福泽,将厚吾之生也;贫贱忧戚,庸玉汝于成也。

——张载《西铭》

【译文】要成大器,必须经过艰难困苦的磨练。

【3】上达则乐天,乐天则不怨;下达则治己,治己则无尤。

——张载《正蒙·至当》

【译文】上层的通达就会乐于天命,乐于天命就不会产生埋怨;下层的通达就会管理好自己,管理好自己就不会把错误和失败归咎于他人。

【4】不尊德性,则学问从而不道;不致广大,则精微无所立其诚;不极高明,则择乎中庸失时措之宜矣。

——张载《正蒙·中正》

【译文】不尊尚德性修养,纵然有学问也不能获得大道;不达到知识广博,纵然精微也无法确立真诚;不极尽高明境界,纵然选择中庸也会失去最好的时机。

【5】于无疑处有疑,方是进矣。

——张载《经学理窟·义理》

【译文】在别人没有疑问的地方产生疑问，这才是进步。

【6】有不知则有知，无不知则无知，故曰圣人未尝有知，由向乃有知也。

——张载《性理拾遗》

【译文】如果一个人认识到自己还有自己不知道的东西，说明他还是有知识和智慧的。如果一个人认为自己无所不知，说明他是一个狂妄无知的人。所以，圣人都认为自己存在许多不足，虚心向他人讨教。

【7】以爱己之心爱人，则尽仁。

——张载《正蒙·中正》

【译文】以爱自己的心态去爱别人，那么是极其仁爱的。

【8】戏言出于思也，戏动作于谋也。发乎声，见乎四肢，谓非己心，不明也。

——张载《东铭》

【译文】平时偶然戏谑的话是出于心中的思考，平时偶然戏谑的举动是出于心中的谋虑。已经由自己的声音发出来，由自己的四肢行动体现出来，还认为不是出于自己的本心，这是不明智的。

附录二：后人评说

【1】（张）载学古力行，为关中士人宗师，世称为横渠先生。敝衣蔬食，与诸生讲学，每告以知礼成性、变化气质之道，学必如圣人而后已。以为知人而不知天，求为贤人而不求为圣人，此秦汉以来学者大蔽也。故其学尊礼贵德，乐天安命，以《易》为宗，以《中庸》为

体，以孔孟为法，黜怪妄，辨鬼神。

——脱脱《宋史》卷四百二十七《张载传》

【译文】张载的学问十分有名，是关中读书人的宗师，被后世称为横渠先生。（张载）穿着破烂的衣服、吃着朴素的食物，和各位学生讲学，每次都告诉学生知礼成性、变化气质的道理，做学问必向圣人学习而后已。张载认为知道人却不知道天，想成为贤人而不奢求成为圣人，这是秦汉以来学者的一大弊端。所以他的学问尊重礼法、注重道德，乐于天而安于命，以《周易》为本宗，以《中庸》为大体，以孔孟为法制，废弃怪异虚妄，能分辨鬼神。

【2】（人性论）极有功于圣门，有利于后学……前此未曾有人说到此。

——朱熹《朱子语类》

【译文】张载的人性论对圣门是有很大功劳的，并且有利于后学者……在他之前并没有人说到这个。

【3】（气论）是十一世纪关于感应原理的非常明确有力的叙述，长期保持着“它的活力”。

——李约瑟《中国科学技术史》

【4】（张载）足以同“现代哲学之父”笛卡尔的“以太”“旋涡”说相匹敌。

——丁韪良《翰林集》

附录三：网上知识链接

【关学】关学，是萌芽于北宋庆历之际的儒家学者申颜、侯可，至张载而正式创立的一个理学学派。因其实际创始人张载世称“横渠先生”，因此又有“横渠之学”的说法。张载“关学”，以《易》为宗，以《中庸》为体，以《礼》为用，以孔、孟为法。他提出了以“气”为本的宇宙论和本体论哲学思想，认为宇宙的构成主要分为三个层次：太虚、气、万物，三者是同一实体的不同状态，它们之间的关系是相辅相成的。这是一种“气”一元论的唯物论之本体论，是中国古代朴素唯物论哲学发展的一个里程碑。

【张载祠】张载祠又称张子祠，位于陕西省宝鸡市眉县城东 26 公里处的横渠镇，占地南北 82 米，东西37.5米。南靠太白山国家森林公园，北临佛教圣地法门寺，东与道教圣地楼观台相连，西与西府名胜诸葛亮庙、钓鱼台、周公庙、金台观毗邻。张载祠为关中十八景之一，前身为崇寿院，张载年少时曾在此读书，晚年隐居后，一直在此兴馆设教。他逝世后，人们为了纪念他，将崇寿院改名为横渠书院。元成宗元贞元年（公元 1295 年），在原横渠书院旧址上建张载祠。元泰定帝泰定三年（公元 1326 年），在张载祠内恢复横渠书院，形成“后祠前书院”的格局。从元、明、清至民国，历史上对张载祠和书院修葺 14 次。1985 年，陕西省成立张载祠文物管理所。1992 年，张载祠被列为陕西省级文物保护单位。1990 年，陕西省文物局正式批准立项修复张载祠，整体建筑以仿宋为主。祠内现存清康熙帝御匾一块及横渠书院笔筒、院印、砚台等；另存有北宋以来文人墨客留下的石碑 50 余幢。同时，已经成立的陕西关学研究中心、西安社科培训学院眉县培训部、横渠书院等机构已开始运行。

【横渠四句】“横渠四句”是当代哲学家冯友兰对宋代大儒张载所著《横渠语录》中四句话的概括。《横渠语录》原文如下：“为天地立心，为生民立命，为往圣继绝学，为万世开太平。”这四句话是中国古代知识分子的至高追求，也是读书做人的终极意义。2006 年 9 月，国务院总理温家宝在出访欧洲前夕接受外国记者采访时，曾引用这句话来表达自己的心迹。

第十章 “食不敢常有肉，衣不敢有纯帛”

——司马光的俭朴家风

“坑爹”是当今很流行的词汇之一，原来特指富二代、官二代中那些不学无术、游手好闲的纨绔子弟各种丧家败身的言行，其代表性的语言是“我爹是×××”。后来“坑爹”的意义逐渐泛化为人们对于结果与意愿背离的讽刺或吐槽。在中国历史上，长盛不衰的家族虽然有，但是不多，更多的家族富不过三代，贵不过三代。孟子说过：“君子之泽，五世而斩”，民间也流行这么一句俗语：“道德传家，十代以上，耕读传家次之，诗书传家又次之，富贵传家，不过三代。”为何“富贵传家”一般都传不过三代人呢？因为一户人家，或者一个家族除了有钱有势外，其余什么都没有，更谈不上诗书礼义了。这些缺少文化底蕴的家庭教育出来的子弟基本上都是“坑爹”的主儿。只有道德传家、耕读传家、诗书传家，才能让子孙事业有成，才能让家族世代荣昌。宋代司马光官位高，权势大，只要他愿意，搞点权权交易或权钱交易，很容易就可财源滚滚。但是司马光以俭朴廉洁的父亲为榜样，没有以权谋私，过着“食不敢常有肉，衣不敢有纯帛”的俭朴生活，而且也要求儿子司马康戒奢侈，尚俭朴，不得腐化堕落。

一、司马池训子

司马光（公元 1019—1086 年），字君实，号迂叟，宋代陕州夏县（今山西夏县）涑水乡人，世称“涑水先生”。在中国，司马光是个家喻户晓的人物。在人们心目中，司马光不仅聪明，小时候就会用逆向思维，砸缸救人，而且学问渊博，写了一部历史名著《资治通鉴》。除此以外，不管时代如何变化，人们的价值观怎么改变，司马光一直都是中国人心中的道德模范，他的事迹时时刻刻都在感动中国。

（司马光塑像）

司马光是北宋时期的政治家、史学家、文学家。他20岁就考中进士，在宋仁宗、宋英宗、宋神宗、宋哲宗四朝都在朝为官，先后任知谏院、天章阁待制、龙图阁学士、翰林学士、资政殿学士、御史中丞等职，官至尚书左仆射兼门下侍郎（即宰相）。司马光官位高，官声显赫，死后追赠太师，封温国公，谥号文正，所以历史上司马光也称司马文正公、司马温公。

司马光是个典型的"官二代"，他为什么没有"坑爹"，不仅自己事业有成，道德文章名冠天下，而且还能光宗耀祖呢？

司马光的父亲司马池自称是西晋安平王司马孚的后代，因为先祖司马阳在北魏时期任东征大将军，死后安葬在安邑澜洄曲（今山西夏县涑水），所以其子孙世代都居住在夏县。司马池是一个很有道德修养的人，疏财重义，有君子之风。司马池幼年丧父，这本来是人生的不幸，但司马池把人生的不幸作为发奋努力的动力，他不想为物所累，便把父亲留下的家产全部让给伯父、叔父们，自己则专心读书。

司马池是个孝子，在他第一次进京赶考时，笔试进行得很顺利，如果殿试发挥正常，这年考中进士应该没有问题。正当司马池准备进宫参加殿试时，一封家书打乱了司马池的人生步伐。因为前几天司马池的老母亲因病去世，家里飞书京城告知这一噩耗。家书到达旅店时，司马池刚好出门办事去了，一同进京赶考的朋友代收了司马池的这封家书。为了不影响司马池最后一场殿试，朋友出于好心，没有把他母亲去世的消息告诉司马池。古人说，母子连心。司马池那几天很是奇怪，总是感觉有些心慌，夜里也严重失眠，辗转反侧，怎么也睡不着。司马池心想：老母亲身体一直不好，是不是病情加重了呢？等到要进宫殿试了，考生们早早来到宫门外等候入场，司马池也来了，由于担心老母亲有可能病重，心神不定，于是便把自己的担心告诉了朋友。这个朋友还是隐瞒了实情，只告诉司马池他家里确实来了家书，信中说她老母亲也确实病重。朋友本来以为等殿试结束后再告诉司马池老母亲去世的消息，让他安心考完最后殿试科目，没想到司马池听说老母亲病重，便在宫门外号啕大哭，立即放弃殿试，星夜奔驰回家。由于没有参加最后一场殿试，这一年的科举考试司马池落榜了。

司马池爱读书，轻财尚义，淡泊名利。史书上说他“性质易，不饰厨传”，这说明性格直率、不喜欢奢华炫耀的司马池是一个很有修养的人。宋真宗景德二年(公元 1005 年)，司马池再次赴京应试，并且一举考中进士，被朝廷任命为永宁县主簿，正式步入官场。从后来司马池当官为政来看，不管是在光山县令还是在凤翔知府的任上，司马池也确实在实践他的道德观念和人生理想，是一位德高望重的好官。榜样的作用是无穷的，司马池通过自己的言传身教，为两个儿子司马旦和司马光做出了表率。

司马池在子女的教育上，不仅率先垂范，以身作则，也非常注重通过日常生活中的一些小事加强对儿子们的思想教育和人格培养。家庭教育是人生的起点，思想家杰弗逊说过："诚实是智慧之书的第一章。"中国也有句俗语"近朱者赤，近墨者黑"，司马光从小就生长在这样一个良好的家庭环境中，这对他后来的为官、为人，不能说没有深刻影响。司马光的一生，诚实做人，清廉做官，勤恳读书、著书，与他父亲的言传身教有着密切的关系。

据史书上说，还是在司马光 6 岁的时候，有一天他得到一些青核桃，自然喜不自胜。但核桃外壳很坚硬，家里的佣人把核桃用开水一烫，再用小刀一刮，坚硬的外壳就去掉了，然后把桃仁交给了司马光。小司马光吃着桃仁，乐不可支。其兄司马旦见状，惊问这层坚硬的外壳是如何剥去的，显然小小的司马光自己是去不了这层坚硬外壳的。司马光随口回答说："吾自去。"一语未了，屋里即传来父亲的大声训斥："小子安得谩语?"意思是：司马光你怎么能撒谎呢?

其实，屋外的情景都被上朝归来、坐在书房里准备读书的父亲看在眼里。司马池很关心司马光的成长，他感到司马光在大人们不断的夸奖下有些骄傲，现在竟然敢说起谎来。司马池走出书房，一边抚摸着司马光的头，一边慈祥地看着司马光，问："这种剥去核桃壳的方法，是你自己想出来的吗？核桃皮是你自己剥去的吗?"父亲的面容虽然慈祥，但目光很犀利，司马光心里很明白，自己说的谎话穿帮了，于是胆怯地承认自己说了谎。父亲司马池意味深长地说："一个人聪明能干，这是好事。但要把聪明用在正处。要做老实人，说老实话，做老实事，不能撒谎，不能花言巧语。我不喜欢不诚实的人，希望你做个老实人。”父亲的一番话让司马光深感内疚，连连说：“父亲，我错了，我一定改。”父亲看儿子知错改错，态度诚恳，欣慰地点了点头。这件事看起来很小，其实很大，一个人诚实的品格就是在这些不起眼的小事中慢慢培养起来的。司马池的言传身教，对幼小的司马光影响很大。史书上称赞说，司马光才 7 岁，“已颇知世事如成人”。

“孔子家儿不知骂，曾子家儿不知怒，所以然者，生而善教也。”这是明代苏士潜在《苏氏家语》中的一段话。司马光时时铭记父亲的教诲，再也没有说过谎。司马光长大成人以后，有一次吩咐家人去把家里的一匹马牵到市场卖了，但司马光告诉家人说：“这匹马一到夏天就会生病，干不了活，你一定要把这个情况如实告诉买马的人，不能欺骗别人。”在今天的一些势利的人眼里，司马光简直是傻瓜，一些人坑蒙拐骗，不以为耻，反以为荣，而司马光却实话实说，不坑蒙拐骗。正是司马光这种诚实的品格，使他后来在做谏官的时候，敢于揭露官场腐败，敢于向皇帝提出批评和建议。尽管屡遭诬陷，但司马光总是刚直不阿，坚持直言相谏，成为受人尊敬的著名政治家。

由于受父亲的影响，司马光很喜欢读书，而且读得很刻苦。中国古代勤学苦读的故事很多，如头悬梁、锥刺股，凿壁偷光，荻画学书等等，说的都是一些有为少年发奋读书，长大后经邦济国的动人故事。司马光出身于书香门第，自幼即受到严格的教育，也是一个勤奋好学的典型。司马光在学校听先生讲论《春秋左氏传》，虽未能完全理解书中奥义哲理，每次放学回家，即能对家人复述文章大意。

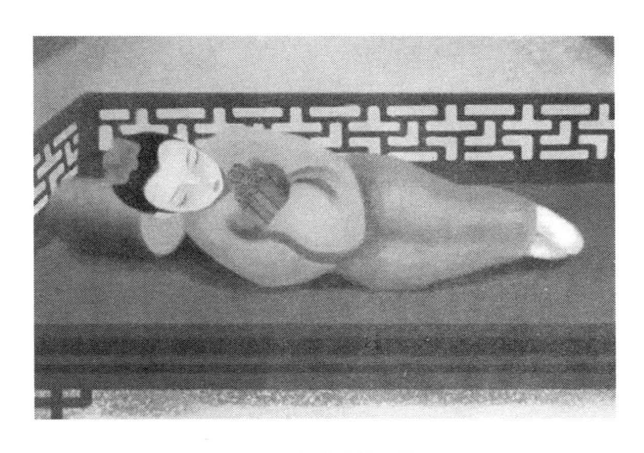

（司马光的“警枕”）

司马光常常“手不释卷，至不知饥渴寒暑”，真正达到了废寝忘食的境地。司马光曾经用一根圆木做了一个枕头，名曰“警枕”，每当读书困乏时，乃以此枕而睡，枕滚即醒，又继续读书和写作。就这样，司马光勤学不倦，持之以恒，“于学无所不通”，成为我国历史上著名的政治家、史学家、文学家。苏轼称其“文词醇深，有西汉风”。宋仁宗宝元元年（公元 1038 年）三月，司马光金榜题名，中进士甲科，被授以奉礼郎。从此，司马光步入仕途。

二、忠靖粹德

凡是到过山西夏县的人，都会去离县城并不远的水头乡看一看，看看司马光这位历史老人的长眠之地。今天的司马光墓地，经过整治修葺，已建成了一个占地近 3 万平方米的陵园。整个陵园由茔地、碑楼、碑亭、余庆禅寺等几个主要部分构成。司马光的茔地居右，禅院列左，最前方是一座高大的牌楼，内有司马温国公神道碑一通，碑身厚硕高大，碑额是由宋哲宗亲笔题写的"忠靖粹德"四个大字；碑文是宋代文学家苏轼（东坡）所书，介绍了司马光一生的主要事迹和成就。

（山西省夏县司马温公祠）

宋哲宗用"忠靖粹德"四个字对司马光盖棺定论，甚为允当。在父亲司马池的培养和严格教育下，司马光秉承父教，在为人和处世上都清清白白，成为后世赞颂和学习的榜样。

司马光很聪明。今人所见的《小儿击瓮图》即描写了这样一个故事：司马光少时与群儿戏于庭，一儿登上水瓮（大水缸），不小心跌入水瓮中，其他孩子惊逃四散，唯有小司马光急中生智，以石击瓮，瓮破水迸，小儿得救。

司马光砸缸，这是我们从小就都知道的故事，也是当今小学语文教科书中的一课。千百年来，人们一直对司马光砸缸救同伴的故事津津乐道，无不称赞小小司马光表现出来的非凡智慧和勇气。司马光砸缸的行为虽然值得称道，但更宝贵的还在于他“颠倒”性的思维方式。因为无论大人或小孩，一般遇到如何从水缸里救人这样的事，都是从“如何使人离开水”这个方向想，都会理所当然地认为，从水里救人，自然要设法使人离开水。司马光当时肯定也这样想过，但他所处的具体情况让他很快地意识到，这样的想法已经行不通了。这群个头矮小的小孩子们，无论如何不可能把落水的伙伴从又高又深的大水缸中拉出来，旁边又没有成年人来帮助。怎么办？司马光瞬息间掉转了思考的方向，想到了“如何使水离开人”。“人离开水”与“水离开人”，殊途同归，效果一样。当司马光头脑中有了“设法让水离开人”这样的与正常思维方向相颠倒的思维方向以后，想到用石头砸水缸的具体做法也就不难了。颠倒思维方法是一种重要的创新思维方法，有着广泛的适用范围和显著的创新作用。特别是如果思考的是比较复杂的创新性问题，按正常的思路又使人的思考陷入了困境，这时不妨把思维方向颠倒过来想一想，也许会令人茅塞顿开，豁然开朗，最终取得某种意想不到的收获。

司马光很重感情。在宋代，男权占据绝对主导地位，达官显贵们纳妾成风。司马光与原配夫人张氏结婚以来，夫妻恩爱，相濡以沫，日子过得很温馨。遗憾的是，夫人张氏不能生育，没能为司马光添丁进口。在旧社会，女人不能生育，就注定了其凄惨的命运。但是，张氏是幸运的，她不仅没有受到司马光的另眼相看，而且司马光把张氏看得很重，坚决拒绝了夫人张氏要他纳妾的要求和安排，夫妻二人，执子之手，与子偕老。

司马光很俭朴。司马光是一位名人，也是一位“怪人”，用世俗的眼光和标准看，他简直不会享受人生。依照司马光的官位和手中的权力，几乎没有他想得到而得不到的东西。但史书上说，司马光一生非常俭朴，食不敢常有肉，衣不敢有纯帛，多穿麻葛粗布衣服。翻开中国成语词典，其中有一个词目叫“典地葬妻”，这个千古传颂的故事是说：司马光的妻子死后，家里没钱办丧事，他的儿子司马康和一些亲戚主张借钱把丧事办得有排场一点，司马光不同意，教训儿子立身处世应以节俭为贵。最后司马光把自己的一块地典当了出去，草草办了丧事。这就是民间流传的司马光“典地葬妻”的故事。

司马光不贪财。人们常说：三年清知府，十万雪花银，《红楼梦》中的贾府更是白玉为堂金作马。司马光为官近 40 年，而且官高位显，最后居然连埋葬爱妻的钱都拿不出来。

人们会问，司马光做了那么大的官，他的钱到哪里去了呢？司马光官高势显，本来可以累积万贯家财，富甲天下，但他为何还终身这么穷困？原来司马光正直无私，两袖清风，除俸禄外，从来不谋取不义之财，他还经常用俸禄周济他人。恩师庞籍死后，遗下孤儿寡母，无以为生，司马光将其迎回家中照顾抚养，奉之如父母兄弟。司马光十分憎恨贪污受贿之事，皇帝的赏赐他也认为是非分之物，坚决不接受。嘉祐八年（公元 1063 年）三月，宋仁宗诏赐臣下百余万钱，金银珠宝，丝绸绢帛，光彩夺目。见钱眼开的庸俗之辈们乐不可支，总以为仁宗还未满足他们的欲望。但司马光丝毫不为所动，先是上疏说：“国家近来多事之秋，民穷国困，中外窘迫”，力辞不接受赏赐；当他推却不成时，又以其所得珠宝充为谏院公使钱（办公经费），而金银则周济一些穷困的亲戚朋友。

司马光居住在洛阳，潜心撰写《资治通鉴》。一个大雪纷飞、北风呼啸的三九寒天，一位东京来客慕名前往拜见司马光，因室内无炭火，客人冻得瑟瑟发抖，司马光很抱歉，只好吩咐家人熬碗栗子姜汤给客人驱寒。随后，此人又拜谒范镇，范镇不仅有炭火烘烤，而且摆酒上菜，与客人频频交杯，消寒去冷。归来后，客人十分感慨。

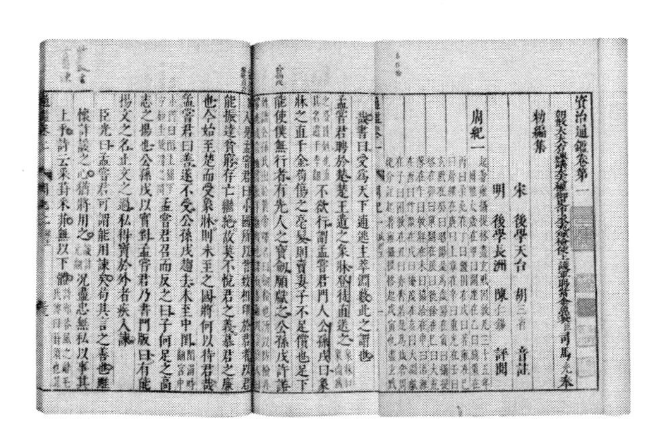

資治通鑑卷第一

勅編集

宋　後學天台　胡三省　音註

明　後學長洲　陳仁錫　評閱

周紀一

（司马光《资治通鉴》书影）

洛阳是北宋西京，王公大族错居其中，深门大院与亭台楼阁随处可见。王宣徽在洛阳的宅第甲天下，占地广大，气势宏伟。王拱辰在洛阳的房子也甚为奢侈，中堂起屋三层，最上者曰朝元阁，气势恢宏，飞檐斗角，华丽无比。而司马光却住在洛阳西北数十里处的陋巷中，房子是几间仅能避风雨的茅檐草舍。三九寒天，北风呼啸，茅檐屋顶常常被北风卷走，室内冷气袭人；盛夏时节，屋内又酷热难熬。司马光畏冷怕热，无奈之下，只好在家里挖了个地洞，砌成一个地下工作室，居住并写作。正是司马光挖了这间地洞，所以洛阳人广泛传播一句谚语："王家钻天，司马入地。"

司马光的确是一个清廉的官。因撰修《资治通鉴》，司马光耗费了 19 年心血，已齿落发白，自感来日无多，便给子孙预留下丧事不可奢华的遗嘱。公元 1086 年 10 月 11 日，官至宰相的司马光在中风病痛折磨中去世，享年 67 岁。司马光死后，他的子孙便按其生前遗嘱，殓入早备好的薄棺，遗体以一旧布被覆盖着，随葬的只是一篇专门颂扬节俭的文章《布衾铭》。前来吊唁的太皇太后、皇帝和大臣看到司马光家中除了满屋书籍外，家徒四壁，床上铺的也就是一张旧竹席，慨叹不已。朝廷随即送来2 000两丧葬银，其子司马康分文不收，遵照父亲的遗命全部退回朝廷。

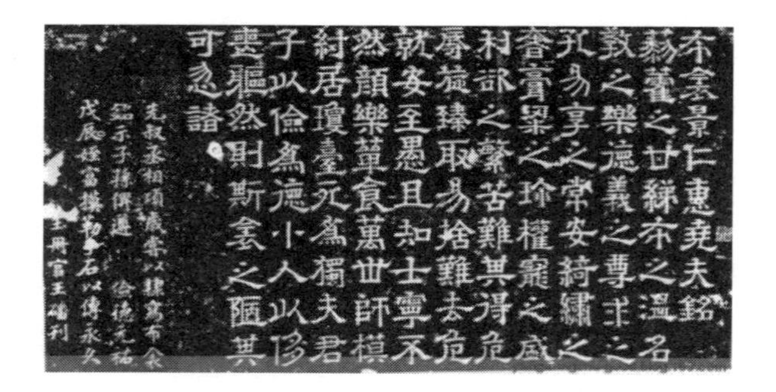

布衾景仁惠堯夫銘
藜藿之甘綈布之溫名
教之樂德義之尊求之
孔易享之常安綺繡之
奢膏粱之珍權寵之盛
利欲之繁苦難其得危
辱旋臻取易捨難去危
就安至愚且知士寧不
然顏樂簞瓢百世師模
紂居瓊臺死為獨夫君
子以儉為德小人以侈
喪軀然則斯衾之陋其
可忽諸

（现藏于国家博物馆的《布衾铭》拓片）

三、司马光对儿子司马康的训诫

司马光秉承父训，诚实做人，清白为官，赢得了极好的名声。哲宗即位以后，司马光从洛阳回到京师汴京（今河南开封），“都人叠足聚观，致马不能行。有登楼骑屋者，瓦为之碎，树枝为之折”，开封老百姓为一睹司马光的尊颜，有爬树的，有攀屋顶的，可见其声名之大。元祐元年（公元 1086 年）秋，司马光逝世，噩耗传出，人们为之罢市，万人空巷前往送葬，人们争相购买他的画像。在司马光的灵柩送往夏县时，送葬之民“哭公甚哀，如哭其私亲”。一个封建社会中的官吏能得到民众这样广泛真诚的悼念，实属罕见。

据《宋史·司马光传》记载，司马光有一个儿子，名字叫司马康，《宋史》中有传，并附于《司马光传》后面。在二十四史中，儿子以附传的形式附在父亲的传后，这是很常见的写法。由于历史记载得简略或者隐晦，司马康是司马光与夫人张氏的亲生子，还是抱养的嗣子，一直存在争议。经过学者们的认真研究和考订，现在一般都认为司马康的生父是司马旦，因司马光无子，哥哥司马旦便把自己的儿子过继给司马光为嗣子，司马光视同已出，对司马康精心养育和教诲，司马康也成长为一位令人尊敬的学者和政府官员。

有一天，一位老朋友来拜访司马光，生活俭朴的司马光破例好酒好菜招待。客人离去后，司马光家又恢复了往日俭朴的生活标准，每人一碗白饭，一碟青菜。家人都有些不理解，日子为何要过得这样清苦，尤其是儿子司马康更有情绪，但又不敢明说。这一切，司马光都看在眼里，忧在心头，担心儿子抵抗不了各种诱惑，追求奢侈享乐，败坏家风，于是给司马康专门写了一篇训诫文章，即流传至今的《训俭示康》，这篇训诫全文只有一千二百多字，但内容极为丰富。

首先，司马光教育儿子司马康应以俭素为美，要养成崇尚节俭的习惯，培养良好的节俭品质。司马光告诉儿子“吾本寒家，世以清白相承”，希望司马康要自制自律，不要败坏和毁损了家族的清白名声。司马光强调，这种清白传家是司马家族长期以来形成的家风，先祖为群牧判官时，“客至未尝不置酒，或三行、五行，多不过七行。酒酤于市，果止于梨、栗、枣、柿之类；肴止于脯醢、菜羹，器用瓷、漆”，做到了“会数而礼勤，物薄而情厚”。司马光也明确表示自己不喜欢豪华奢侈。他对儿子回忆说，从儿时起，长辈把饰有金银的华美的衣服加在我身上，我总是害羞地扔掉它。二十岁那年中进士时，参加皇帝举办的闻喜宴时，只有我不戴花，一同考中进士的同学说：花是皇帝赐戴的，不能不戴。我才在帽檐上插上一枝花。我一向穿衣服只求抵御寒冷，食物只为填饱肚子，也不敢故意穿肮脏破烂的衣服，违背世俗常情，以沽名钓誉。我只是顺着我的本性罢了。虽然许多人都把奢侈浪费看作光荣，我却把节俭朴素看作美德。别人都讥笑我固执，不大方，我不把这作为缺陷，回答他们："先圣孔子教导我们说：与其不谦虚，宁愿固陋。孔子又说：因为俭约而犯过失的，那是很少的。孔子还说：有志于探求真理但却以吃得不好、穿得不好、生活不如别人为羞耻的读书人，这种人是不值得跟他谈论的。古人把节俭作为美德，现在的人却因节俭而相讥议，认为是缺陷，这是很不正常的。"

司马光告诉儿子司马康，当下社会上盛行奢侈享乐的风气很不好，大家都在拼面子，比排场。那些风里来雨里去、给人跑腿的杂役大多穿士人衣服，虽然是农民，却穿丝织品做的鞋。而士大夫家，喝的酒假如不是按宫内酿酒的方法酿造的，水果、菜肴假如不是远方的珍品特产，食物假如不是多个品种，餐具假如不是摆满桌子，就不敢约会宾客好友，常常是经过了几个月的精心准备，然后才敢发信邀请。如果不这样做，人们就会争先责怪他，认为他鄙陋吝啬。所以尚奢华，不节俭就少了。唉！风气败坏得像这样，有权势的人即使不能禁止，我们能忍心助长这种风气吗？

司马光给儿子举出了历史上一些人洁身自好、廉洁奉公的故事，让司马康学习并作为榜样。司马光首先说，前朝李文靖（即李沆）担任宰相时，在封丘门内修建住房，厅堂前仅仅能够让一匹马转过身。有人说地方太狭窄，李文靖笑着说："住房要传给子孙，这里作为宰相办事的厅堂确实狭窄了些，但作为太祝祭祀和奉礼司仪的厅堂已经很宽了。"司马光又讲了参政鲁宗道的故事。鲁宗道担任朝廷谏官时，宋真宗派人紧急召见他，但是却到处找不着人，最后还是在一家酒店里找到他的。入朝后，真宗问他从哪里来的，他据实回答说是从酒店过来的。皇上说："你担任显贵的谏官，为什么在酒馆里喝酒？"鲁宗道回答说："臣家里贫寒，客人来了没有餐具、菜肴、水果，所以就在酒馆请客人喝酒。"皇上因为鲁宗道没有隐瞒，更加敬重他。司马光又说，宋真宗朝的张文节担任宰相时，虽然官做大了，但自己生活如同从前当河阳节度判官时一样清贫，张文节亲近的人劝告他说："您现在领取的俸禄不少，可是自己生活像这样俭省，您虽然自己知道确实是清廉节俭，外人对您却有些讥评，说您是像汉代公孙弘盖了床破旧布被子一样沽名钓誉。我们认为您应该稍微照顾一下别人的情绪，顺从一点普通人的生活习惯才是。"张文节叹息了一声，说："我现在的俸禄，即使全家穿绸挂缎，吃膏粱鱼肉，也不会穿不起、吃不起。然而人之常情，由节俭进入奢侈很容易，由奢侈进入节俭就困难了。像我现在这么高的俸禄难道能够一直拥有吗？我难道能够一直活到百岁、千岁？如果有一天我罢官或死去，情况与现在不一样，家里的人过奢侈生活，时间长了就习惯了，不能过节俭贫困的日子。到那个时候，他们一定会没有存身之地。无论我做官还是罢官、活着还是死去，家里的生活情况都平安快乐，不是更好些吗？"

但是，历史上也有一些因奢侈过度导致身败名裂的人，这些人的人生悲剧可以作为反面教材。司马光对儿子司马康说:“管仲使用的器具上都雕刻着美丽花纹,戴的帽子上缀着红红的帽带,住的房屋里,连斗拱上都绘有山岳图形,连屋梁上短柱都用精美的图案装饰着。孔子看不起他,认为他不是一个栋梁之才。公叔文子在家中宴请卫灵公,史鰌推知他必然会遭到祸患,到了他儿子公叔戍时,果然因家中豪富而获罪,以致逃亡在外。何曾一天饮食要花去一万铜钱,到了他的孙子这一代就因为骄奢而家产荡尽。石崇以奢侈靡费的生活向人们夸耀,最终因此而死于刑场。近代寇准豪华奢侈堪称第一,但因他的功劳业绩大,人们不敢批评他,他的子孙沾染了他的这种不良家风,现在大多穷困了。其他因为节俭而树立名声,因为奢侈而自取灭亡的人还很多,不能一一列举,上面姑且举出几个人来教导你。你不仅仅自身应当实行节俭,还应当用它来教导你的子孙,使他们了解前辈的作风习俗。”

正反两方面的历史经验都表明春秋时鲁国大夫御孙说得很正确。御孙说:“节俭,是最大的品德;奢侈,是最大的恶行。”有德行的人都是从节俭做起的,因为如果节俭就少贪欲,有地位的人如果少贪欲就不被外物役使,可以走正直的路。没有地位的人如果少贪欲就能约束自己,节约费用,避免犯罪,使家室富裕,所以说:“节俭,是最大的品德。”如果奢侈就多贪欲,有地位的人如果多贪欲就会贪恋、爱慕富贵,不循正道而行,招致祸患;没有地位的人多贪欲就会多方营求,随意挥霍,败坏家庭,丧失生命。因此,做官的人如果奢侈必然贪污受贿,平民百姓如果奢侈必然盗窃别人的钱财。所以说:“奢侈,是最大的恶行。”

王安石的老师范仲淹同样因为改革树敌,多次被贬谪。范仲淹

（江苏苏州范仲淹纪念馆）

晚年时，有人劝他利用手中的权力多置家产，范仲淹说，他这辈子在官场上经历风波，几起几落，之所以能保全性命，“惟能忍穷”，“虽一毫而不妄取”。范仲淹去世时，“身无以为殓，子无以为丧”。他的政敌虽然早就欲除之而后快，但范仲淹身正不怕影子斜，他的政敌只能把他发配到外地为官，却无法给范仲淹定罪。与范仲淹相对应的是同时代的宰相寇准。寇准雄才大略，为北宋抗击辽国入侵功劳很大。寇准本人不喜清贫，生活奢侈，酷爱美酒美食，喜欢大排场，家居豪华，奴仆众多。结果，在政敌们的打击下，寇准从正一品一路翻着跟斗被贬为从九品，最后被发配到了雷州半岛，并死在了那里。欧阳修就此一针见血地剖析认为，寇准之所以落到这般下场，根源就在于贪恋荣华富贵。司马光也批判说：“近世寇莱公（寇准）豪侈冠一时，然以功业大，人莫之非，子孙习其家风，今多穷困。”

《宋史·司马康传》中这样记载，司马康“途之人见其容止，虽不识皆知为司马氏之子也”。司马康是司马光的儿子，虽不为人所熟识，但从其言行举止中就可判断是司马光家的孩子，可见司马光家庭教育的成功。司马光俭朴家风的形成，一方面是由于先辈身体力行，言传身教；同时，也需要后辈接受环境熏陶，耳濡目染，思想品德被潜移默化。据史书记载，司马康从小就很聪明，做事严谨，而且博古通今，曾任校书郎、著作佐郎兼侍讲，为人廉洁，口不言财。司马康确实没有辜负父亲的期望，《宋史·司马康传》记载，司马康因病辞世时，“公卿嗟痛于朝，士大夫相吊于家，市井之人，无不哀之”。

正如司马光所言，树立勤俭廉洁的家风，是“大贤之深谋远虑”，是阖家长久幸福安康的最好保障。2016 年 1 月 12 日，习近平总书记在中纪委全会上引用古人的话说：“将教天下，必定其家，必正其身。”“莫用三爷（少爷、姑爷、舅爷），废职亡家。”“心术不可得罪于天地，言行要留好样与儿孙。”诚如一些学者所认识的那样，家庭伦理道德教育是道德建设的起点。人从一出生首先面对的是家庭关系，在家庭之中，孩子受父母言传身教的影响，初步形成为人处世、待人接物的方式和原则，这是培养孝悌忠信、礼义廉耻品德的关键时期。纵观历史，凡是家道能够传承三代以上的家族，都有严格的家规、家训。在郑氏义门孝义传家的故事中，郑氏家族从宋朝到清朝近千年中共有 173 位出仕为官者，没有一个人贪赃枉法。这正是郑氏家族严格的家规引导、约束的结果。相反，人如果不坚定地培养良好的品德，背离公义，就会陷入亲族小圈子，搞用人唯亲、结党营私那一套，从而埋下彼此牵累的祸患。历史和现实中，这方面的教训都非常多，但仍有人重蹈覆辙。“莫用三爷（少爷、姑爷、舅爷），废职亡家”，这是历史的教训和智慧。廉以修身、廉以持家，培育良好家风，教育督促亲属子女走正道，既是道德的选择，更是智慧的选择。

附录一:资料摘编

【1】凡父母有过,下气怡色,柔声以谏。谏若不入,起敬起孝。悦则复谏,不悦,与其得罪于乡党州闾,宁熟谏。

——司马光《居家杂仪》

【译文】但凡父母有过错,子女要和颜悦色,细语柔声地劝谏。如若父母不听劝谏,也要尊敬孝顺父母。等父母亲愉悦的时候再次劝谏,父母还是不高兴的话,那么与其让父母得罪于街坊邻居,还不如诤谏。

【2】凡子受父母之命,必籍记而佩之,时省而速行之。事毕则返命焉。或所命有不可行者,则和色柔声,具是非利害而白之。待父母之许,然后改之。若不许,苟于事无大害者,亦当曲从。若以父母之命为非,而直行己志,虽所执皆是,犹为不顺之子,况未必是乎!

——司马光《居家杂仪》

【译文】只要是孩子接受父母之命,必定要记录下来并且佩带在身,时刻检查并且快速去做。事情做完了就返回来复命。有时父母吩咐的事不可以去做,那么就应该和颜悦色、细语柔声地向他们陈述是非利害。等待父母允许了,然后就改正。若是父母不许,如果这事没有多大的害处,也应该曲从。如果认为父母的吩咐是不对的,而直接按自己的意志来,即便所做的事情都是对的,也是不孝之子,况且所做之事还不一定是对的。

【3】夫人爪牙之利,不及虎豹;膂力之强,不及熊罴;奔走之疾,

不及麋鹿；飞扬之高，不及燕雀。苟非群聚以御外患，则反为异类食矣。

——司马光《温公家范》卷一

【译文】人的手和牙齿不如虎豹那样锋利，人的体力不如熊罴，奔跑的速度不如麋鹿，飞翔的高度也不如燕雀。如果不是靠群聚来抵御外患，那么反为异类所食了。

【4】善为家者，尽其所有而均之，虽粝食不饱，敝衣不完，人无怨矣。

——司马光《温公家范》卷二

【译文】善于操持家业的人，会把自己所有的东西拿出来平分，这样即便粗茶淡饭吃不饱，衣不遮体，人们也不会有所怨恨。

【5】夫生生之资，固人所不能无，然勿求多余，多余，希不为累矣。使其子孙果贤耶，岂蔬粝布褐不能自营，至死于道路乎？若其不贤耶，虽积金满堂，奚益哉？

——司马光《温公家范》卷二

【译文】生存所需要的物质，固然是人所不能缺少的，然而也不要追求得太多。追求太多，很少有不为其所累的。假使子孙真的有贤能，难道凭着粗食布衣就不能自力更生，以至于死在道路边吗？倘若子孙不贤，即使金银满堂，又有什么用呢？

【6】俭，德之共也；侈，恶之大也。

——司马光《温国文正公文集》卷六十九《训俭示康》

【译文】节俭，是所有的美德都具有的；奢靡，是所有的恶行里最大的。

【7】君子所以感人者，其惟诚乎！欺人者不旋踵人必知之，感人

者益久，而人益信之。

——司马光《温国文正公文集》卷七十五《迂书》

【译文】君子感动人的地方就在于诚信！欺骗人的骗子过不了多久就会为人们所知，以诚信感人者，时间越久，人们越会信任他。

附录二：后人评说

【1】诚心自然，天下敬信，陕、洛间皆化其德，有不善，曰："君实得无知之乎？"

——脱脱《宋史》卷三百三十六《司马光传》

【译文】（司马光）为人诚信，他的诚心是出自天性，天下人都尊敬他信任他，陕西、洛阳之间的老百姓都被他的品德所感化。如果有人有不好的行为和言论，人们便会说："难道你就不怕被司马光知道了吗？"

【2】孔子上圣，子路犹谓之迂。孟轲大贤，时人亦谓之迂阔。况光岂免此名。大抵虑事深远，则近于迂矣。

——黄宗羲《宋元学案》卷八

【译文】孔子至圣，子路还说他迂腐。孟子大贤，当时也说他迂腐和好高骛远。更何况是司马光，更免不了此名。大概考虑事情深远，都会近似于迂腐。

【3】阅人多矣！不杂者，司马、邵（邵雍）、张（张载）三人耳。

——黄宗羲《宋元学案》卷七

【译文】看了这么多人，心思纯净不杂的只有司马光、邵雍、张载三个人罢了。

【4】公忠信孝友，恭俭正直，出于天性。自少及老，语未尝妄，其好学如饥之嗜食，于财利纷华，如恶恶臭，诚心自然，天下信之。退居于洛，往来陕郊，陕洛间皆化其德，师其学，法其俭，有不善，曰："君实得无知之乎？"博学无所不通，音乐、律历、天文、书数，皆极其妙。晚节尤好礼，为冠婚丧祭法，适古今之宜。不喜释、老……其文如金玉谷帛药石也，必有适于用，无益之文，未尝一语及之。

——苏轼《东坡全集》卷九十《司马温公行状》

【译文】司马光忠信孝友，恭俭正直，这是出自天性。从年轻到年老，他从未口出狂言，对学习如饥似渴，孜孜不倦，对于荣华富贵，就像讨厌恶臭一样。他的诚心出自天性，天下人都尊敬他信任他。陕西、洛阳之间的老百姓都被他的品德所感化，有不好的行为，人们便会说："难道你就不怕被司马光知道了吗？"他学识丰富，无所不通，在音乐、律历、天文、书数方面造诣极深。晚年的时候他尤其喜欢研究礼，为冠婚丧祭订礼法范式，合乎古今之宜。他不喜欢佛道……他写的文章就像金玉谷帛药石一样，一定是有相应的用处，没有作用的文章，他不曾写过一句。

附录三：网上知识链接

【资治通鉴】《资治通鉴》是中国第一部编年体通史，在中国官修史书中占有极重要的地位。由北宋司马光主编，共 294 卷，历时 19 年完成。主要以时间为纲，事件为目，从周威烈王二十三年（公元前 403 年）写起，到五代后周世宗显德六年（公元 959 年）征淮南停笔，涵盖 16 朝 1 362年的历史。

【司马光故居】司马光故居位于光山县城正大街中段，是北宋著名政治家、史学家、文学家司马光的出生地，北宋真宗时期为县署官舍，宋真宗天禧三年（公元 1019 年）农历十月十八日，司马光出生于此。据县志记载，官舍面南二进，院为四合院落，大门门屋北檐外有照壁，有前厅、厢房、书斋、后堂等，都为悬山式砖木结构建筑。院中植柏树、胡桃、梧桐、中置一井（司马井）。故居经过全面整修，占地面积 1 330平方米，现有东、西两门，四合院落格局。南设有司马光生平展室，北为后堂民俗展室，院中心为司马井、养粹亭，西院墙下有“司马光砸缸”群塑像，千年古柏植于东门外边，院内曲径通幽、花草繁茂、小桥流水，典雅秀丽。故居内收藏有宋代石碑刻、元代石狮等珍贵文物。

【司马光墓】司马光墓属全国重点文物保护单位，位于山西省夏县城北 15 公里的鸣条冈。司马光墓地分为茔地、碑楼、碑亭、余庆禅寺等几个部分。茔地位于右翼，禅院列于左翼，碑楼在最前方。碑楼高大、壮观，内有“司马温国公神道碑”一通。碑身厚硕高大，碑文介绍了司马光一生的成就。碑额“忠靖粹德”为宋哲宗亲笔题写；碑文为苏东坡书，是司马光墓的重要标志。

【《布衾铭》】司马光一辈子做学问刻苦勤奋，为人忠诚老实，以清正廉洁著称。据史书记载，他死后入殓的仅是一口薄棺，遗体上覆盖的也是好友范蜀公（纯仁）曾赠送给他的一床旧布被，被子上面是他生前书写下的座右铭——《布衾铭》，其铭曰：“藜藿之甘，绨布之温，名教之乐，德义之尊。求之孔易，享之常安。锦绣之奢，膏粱之珍。权宠之盛，利欲之繁。苦难其得，危辱旋臻。舍难取易，去危就安。至愚且知，士宁不然！颜乐箪瓢，万世师模。纣居琼台，死为独夫。君子以俭为德，小人以奢丧躯。然则，斯衾之陋，其可忽诸?”清代陈宏谋《司马文公年谱》记载:“公所服之布衾，隶书百有十字，曰景仁惠者，端明殿学士范公之所赠也;曰尧夫铭者，右仆射高平公之所作也。元丰中，公在洛，蜀公自许往访之，赠以是衾。先是，高平公作《布衾铭》，以戒学者。公爱其文义，取而书其衾之首。及寝疾东府，治命敛以深衣，而覆以是衾。又以圆木为警枕，小睡则枕转而觉，乃起读书。盖恭俭勤礼，出于天性，自以为适，不勉而为。与二范公为心交，以直道相与，以忠告相益，其诚心终始如一。居洛十五年，若将终身焉，一起而功被天下。内之婴童妇女，外之蛮夷戎狄，莫不敬其德，服其名，惟至诚故也。”碑石原立于山西夏县司马光墓地，为司马光逝世后第三年即元祐三年(公元1088年)司马光亲侄司马富摹勒，玉册官王磻(即著名的司马光神道碑刊刻者)刊刻，后毁。

【公孙弘盖布被子】公孙弘是汉武帝时期的大臣，是当时有名的贤臣良相，他虽然身居高位，但是一点都不骄纵，反而非常谦虚谨慎，而且异常廉洁，甚至有他穿麻布衣、盖布被子的故事。虽然说历史上对于他人品的质疑声也不少，但是不可否认的是，他在世的时候确实是一个很朴素的人。根据史书上的记载，当年一个大臣汲黯曾经上奏汉武帝:公孙弘虽然担任着御史大夫，俸禄很高，但是却一直用着粗布麻衣，盖着朴素的被子，这是欺世盗名的行为，并不能算是一个贤臣。公孙弘面对这样的质疑，反而是赞扬了汲黯的刚正不阿，然后列举了当年的管仲越礼和晏子节俭的故事，以此来论证自己这样的举动只是效仿先贤，因此汉武帝觉得公孙弘是一个非常谦让的人，更加地厚待他。后来公孙弘成了丞相，还是非常朴素，亲身示范节俭，成为当时人的榜样。他每餐都只吃一种荤菜和粗米饭，所有的俸禄都拿来供养朋友和宾客，家里一点闲钱都没有。当时的读书人都非常敬佩他，以他为偶像。而且公孙弘不只是自己吃穿用度非常简单，招待自己的老朋友也非常简单。有一次，他的一个老朋友来找他，本来想着公孙弘怎么说都是丞相了，总该好吃好喝地招待自己吧，结果公孙弘只是给他粗茶淡饭、麻布被子，他就非常生气，这样的粗米、布被自己也有啊。公孙弘感到非常惭愧，他的好友因此对外面的人说："公孙弘表里不一，不能作为天下人的表率。"因此公孙弘的廉洁招来了怀疑，这也让公孙弘不得不感叹招待老朋友真不容易啊。

第十一章　“吃亏是福”

——郑板桥“竹石”家风

细心的朋友们可能注意到，郑板桥题写的“难得糊涂”四个字在社会上随处可见，需要糊涂的人“难得糊涂”，不需要糊涂的人却在“糊涂”，甚至有些人借此装“湖涂”。“难得糊涂”已成为低俗者附庸风雅的招牌，或者是那些心机深重、贪污腐败者装潢门面的饰物。但是，郑板桥题写的另一幅字“吃亏是福”，我们在谁家的宅第书斋中见到过？难得一见，因为中国人不愿吃“亏”，吃不得“亏”。

（郑板桥《吃亏是福》墨迹）

在这个物欲横流的时代，人们都很现实和功利，眼睛盯着的都是好处，眼眶里看到的都是名和利，怕吃亏是最为常见、最为普遍的大众心态，谁肯明晃晃地吃亏呢？人们不仅不甘吃亏，甚至在名利场上恨不得互食尔肉、寸土必争、锱铢必较。挖掘水井只为他人解渴的好人好事在势利小人眼里简直就是“傻冒”。但是，郑板桥不仅自己不怕吃亏，也常常教育儿子能够吃亏，居然认为“吃亏是福”，形成了郑板桥挺拔刚毅的“竹石”家风。

一、郑板桥很“怪”

说起郑板桥，他是我国家喻户晓的名人，有人喜欢他的书画，有人喜欢他的品行和人格，也有人喜欢他卓尔不群的古怪性格。郑板桥（公元 1693—1765 年），名燮，字克柔，江苏兴化人，清代有名的书画家、文学家，曾经当过 12 年县令，但他更是一个“怪人”。其实郑板桥并不“怪”，他说的都是大实话，走的都是阳光大道，做的都是光明磊落的事。正是因为郑板桥不遵守潜规则，不愿做奴才，从来不贪污腐败，却蔑视权贵，怜悯百姓苍生，所以在那些庸俗小人眼里郑板桥是个“怪”人。正如脖子歪了的人看戏时，总是说舞台是歪的，其实舞台并没有歪，而是他自己的眼光歪了。

郑板桥一生很长时间都客居在扬州，以卖画为生，他的“六分半书”，他的兰、竹、石、松、菊画卷，他的嘻、笑、怒、骂，旷世独立，世称“三绝”，也增添了郑板桥“怪”的历史魅力。

郑板桥的第一怪就是不媚官。中国古代在君主专制制度之下，崇官、拜官、怕官和媚官成为一种文化，在官老爷面前，在权力之下，在利益诱惑中，许多人不愿做一个自在的人，而更愿做一个在官老爷面前摇尾乞怜的奴才。但是，在郑板桥眼里，只认人品，不识官威。

据说，有一个豪绅求郑板桥题写一个门匾。那个豪绅平日里巴结官府，干尽了很多坏事。郑板桥决定要捉弄他一下，便写了“雅闻起敬”四个字。油漆门匾时，郑燮叮嘱漆匠对“雅、起、敬”三个字只漆左半边，对“闻”字只漆“门”字。过了一段时间，豪绅家前门匾上的字没上漆的部分模糊不清了，而上漆的部位越发清晰。远远一看，原来的“雅闻起敬”竟成了“牙门走苟”，即“衙门走狗”的谐音。

郑板桥的第二怪是不羡富。晋代人鲁褒写过一篇《钱神论》，鲁褒说：钱可真是神物，有了它，没有德行却受人尊敬，没有势力却很红火，它能够推开富贵官宦之家的深厚朱门。有钱的地方，可以化危为安，可以让死者复活；如果没钱了，那贵的就要变成贱的，活的也可能死去。……洛阳城中的富贵人家，身居官位的那些人，对于钱的热爱，从来都不曾停止。在有钱的地方，宾客总是从四面八方聚来，门前如同集市一样热闹。有谚语说：钱虽然没有听觉，却可以暗中指使别人，有钱便可以役使鬼神，钱可以转祸为福，巧妙地把失败变为成功，使危险变得平安，使死人得以还魂。性命的长短，官位、俸禄的高低，都在于钱的多少，天又怎么能参与这些事呢？天有所短，钱有所长。四季运行，万物生长，钱比不上天；使穷困的人显达，使处境窘迫的人得以摆脱，上天就不如钱了。

鲁褒把现实中人们对钱的崇拜和痴迷说得出神入化，也说到人们心坎上了。但是，郑板桥虽然贫贱，但他视钱财如粪土，不羡富，不攀附富人。据说郑板桥写字作画难隔三日，一日三餐不离酒盅。但他在潍县做县令时，传说他曾经停画百日，戒酒三春，如果属实，确实不容易。据说，当时潍县城里有一个富商李武正，心狠手毒，赚钱不择手段，仅用二十来年工夫就成了潍县城里的首富。李武正虽然没有文化，却想附庸风雅，在自家宅院里设了“圣贤书斋”，八仙桌上摆上文房四宝，还买些古籍放在书柜里，还不惜银两买来了一些名人字画挂满书房四壁。可惜的是，在他挂的名流佳作当中，唯独没有当堂知县郑板桥的墨迹。有一次，一位文人墨客观赏了他收藏的字画后留下了这样两句诗："搬来天下名山水，未移咫尺郑板桥。"李武正听了很不是滋味。其实，李武正一直住在潍县，不是不知道郑板桥的字画有名，也很想得到郑板桥的字画，而因郑板桥脾气古怪，不屑于与他这些暴发户打交道，更不可能为他作画。李武正说谁要是能帮他请郑板桥为其作一幅墨竹画，宁愿出一千两银子作酬谢。

有个名叫杜士的穷秀才，年纪六十出头。此人虽说有几分学识，但是品行不端，年轻时吃喝嫖赌，沾染了一身坏毛病，老来既无妻室，又无子女，孤身一人，想当个教书先生都无人肯雇用他，生活过得十分寒苦。当他听说李武正愿出一千两银子谋求郑板桥墨竹画，便挖空心思想点子。经过几个夜晚的苦思冥想，他终于设下一个骗局。时值阳春三月，杜士先从李武正那里支领了二十两银子，把自己靠河边的三间破房舍修葺一新，又将窗下几簇修竹进行整理，租了几十盆各式各样的花草摆在屋檐下。摆设停当之后，便每天在河岸边上坐着钓鱼，等候郑板桥到来。因为他久住河边，看见郑板桥经常来此地游览观景。果然不出杜士所料，有一天，雨过天晴，景色秀丽，郑板桥处理完公事后来到河边漫步。他放眼四顾，看到百草含露，杨柳新吐，桃李争芳，流水潋滟，到处生机蓬勃，置身于这清幽明媚的世界，看到这如画的旖旎风光，郑板桥心旷神怡。郑板桥诗兴大发，顺口吟了一首《竹枝词》："城上春云拂画楼，城边春水泊天流。昨宵雨过千山碧，乱落桃花出涧沟。"话音刚落，只听旁边有人连声称道："妙，妙，县太爷真不愧是当今才子，出口成诗，令人佩服之极！"郑板桥举目一看，原来是一位年过花甲的老先生在河边独钓。郑板桥只见老者面容憔悴，须发皆白，身着青衫，手握鱼竿，笑容满面地向这边走来。郑板桥看这人有点落魄文人风度，举止言谈落落大方，一时产生好感，忙答话道："先生贵姓，家住哪里？"那杜士忙答："免贵姓李，河边陋舍便是。"郑板桥顺杜士手指的方向看去，见不远处有一小小茅舍。郑板桥随杜士来到茅舍前，立即被这里优雅别致的风光所吸引。几株香气诱人的桃花，正含笑摆动，似欲向来客倾谈。桃花一侧，几簇亭亭玉立的修竹，葱翠挺拔。郑板桥赞不绝口："如此佳景，胜似江南。"

杜士见时机已到，忙上前施礼，说："今日大人光临寒舍，乃三生有幸。今室内尚有狗肉一盆，大人如不嫌弃，一同畅饮几杯。"郑板桥最喜欢吃狗肉，一听有狗肉，便点头应允。酒肉备齐，两人边饮边谈，甚是投机，郑板桥不知不觉就多喝了几杯。看着太阳快下山了，郑板桥已半醉半醒。杜士忙起身作揖，央求说："大人墨竹名扬天下，贫生久盼不得。今大人亲至，恳请大人留一墨竹，以偿贫生终生夙愿。"迷迷糊糊中郑板桥一口应允。杜士取出备好的笔、墨、纸、砚，郑板桥借酒兴，提笔挥毫，顷刻就画了一幅墨竹图。这幅墨竹图，画风刚劲有力，修竹挺拔，杜士看后手舞足蹈，欣喜若狂。郑板桥刚要搁笔，杜士忙说："请大人题跋。"郑板桥问："先生大名？"杜士答道："卑名武正。"郑板桥听这名字有点耳熟，但醉意朦胧，就不假思索地在画边写上了"谢武正先生"几个字。抬头看看窗外，天色将晚，郑板桥起身告辞，摇摇晃晃地回县衙。杜士很高兴，酒桌尚未收拾，便卷好墨竹画，急忙奔往李武正家。李武正得到郑板桥真迹，还有专门为他写了题字，甚是欢喜。画已到手，李武正又舍不得事先许诺的一千两银子，他只让管家拿出一百两银子，就把杜士轰出门外。第二天一早，李武正命令家人大摆宴席，请全城名绅大贾前来赴宴，庆贺郑板桥为他作画，以便向人们炫耀。郑板桥上过早堂，布置好一天的工作后，刚要外出查访。忽然衙役前来禀报，说是不少名绅大贾都到李家赴宴，祝贺县太爷为他作画题跋。郑板桥一听恍然大悟，知道是昨天酒后受骗了，于是急忙差人传唤杜士前来问清情况。不久，差役回来禀告，杜士家门已反锁，人去屋空，院里的盆景鲜花都不见了，到处一片狼藉景象。原来杜士知道骗了郑板桥，怕吃官司，得到李武正的银两后，连夜退还了租赁的花木，逃到外地去了。郑板桥听到衙役的禀报，气得长叹一声，说道："昨日只因贪杯，受人欺骗，实是后悔莫及。"于是命令衙役笔墨伺候，郑重其事地写了一首"戒己诗"："贪杯辱身，理当受责，停画百日，戒酒三春。"郑板桥自那日起，真的一百天没有作画，三年没有喝酒，以戒自身。

（郑板桥的《墨竹图》）

郑板桥的第三怪是同情弱者。人们常说："贫居闹市无人问，富在深山有远亲。"不喜贫，喜攀富，乃人之常情。但郑板桥总是关注贫者、弱者。对于百姓的疾苦，他时时刻刻都挂在心上。他一生善于画竹，尤其善于据竹写诗。在潍县任县令时，他的顶头上司、山东巡抚向他索求书画，他画了拿手的竹子，并在上面题诗一首："衙斋卧听萧萧竹，疑是民间疾苦声。些小吾曹州县吏，一枝一叶总关情。"竹林风雨的萧萧声，使他联想到民间的疾苦、百姓的呻吟。语言多么恳切，意境多么高远！

郑板桥巧断狱案，为民解难。他在主政范县时，村民曾将一对"伤风败俗"的青年男女扭送至县署问罪。原来一个是和尚，一个是尼姑，两人因私下相爱而被抓。郑板桥细细盘问后，得知他俩皆出身贫苦，系真心相爱，且年龄相当，于是当场拍板，"令其还俗，配为夫妻"，还风趣地赋诗相赠："是谁勾起风流案？记起当场郑板桥。"

对于那些欺压百姓的富豪，他则毫不心慈手软。他在山东潍县当县令时，一个教书的老先生被一户姓丁的有钱人家雇佣为孩子的老师，双方约定：教书一年，付酬金八吊钱。一年后，丁家以老先生才疏学浅，不会教书为由毁约，酬金分文不付。老先生无奈之下赶至县衙击鼓告状。郑板桥决定亲自出联考考老先生，看看他的才学。郑板桥以大堂上悬挂的灯笼为题，说出上联："四面灯，单层纸，辉辉煌煌，照遍东西南北。"老先生脱口答道："一年学，八吊钱，辛辛苦苦，历尽春夏秋冬。"郑板桥听后，觉得老先生对仗工整，朴实而巧妙，证明老先生有真才实学，决非误人子弟之辈。他当即传来那姓丁的人前来审问，姓丁的人无言以对，只好认错。于是，郑板桥提笔写了判词，他说：由姓丁的立即支付老先生八吊钱的学费，另罚姓丁的八吊钱，作为老先生被丁家无故辞退的经济补偿。

郑板桥"劫"富济贫，抗灾救民。郑板桥在潍县任上的七年里，竟有五年发生旱灾、蝗蝼和水灾，生灵涂炭，哀鸿遍野。他一面向朝廷据实禀报灾情，请求赈济；一面以工代赈，兴修城池道路，招收远近饥民赶工就食，并责令邑中大户轮流在道边搭棚煮粥，供妇孺耄耋充饥。同时，又严令商人不得囤积居奇，必须迅速将仓库里的积粟按平常价格卖给饥民。郑板桥自己也节衣缩食，为饥民捐出官俸。在最危急之时，他毅然决定打开官仓放粮。郑板桥的僚属劝他不要贸然行事，等呈报上司批准后再作决断，但郑板桥凛然回答说："待到层层报批，延误了时日，恐怕老百姓都饿死了，还要我这个县令干什么？"谁料郑板桥开仓放粮的行为果真得罪了上司，受到打击报复，当地富豪也趁机排挤他。乾隆十七年（公元 1752 年），郑板桥以身体有病为由，愤然辞官，回到故乡江苏兴化定居，随后来到扬州继续以卖画为生，直到终老。

郑板桥的第四怪是幽默。郑板桥情系百姓，与民同忧。乾隆六年（公元 1741 年）春，年近五旬、因科举及第考中进士的郑板桥被派往山东范县任县令，开始了他长达 12 年的官宦生涯。他为官力求简肃，轻车简从。为了察看民情，访问百姓疾苦，郑板桥常不坐轿子，也不许鸣锣开道，更不许打"回避""肃静"的牌子。郑板桥时常身着便服，脚穿草鞋到乡下察访。即便夜间去查巡，也仅差一人提着写有"板桥"二字的灯笼引路。因为他常常微服"陇上闲眠看耦耕"，以致"几回大府来相问"，竟找不到他的人影。

有一天深夜，一个小偷钻进了郑板桥家的院子，想偷点东西。郑板桥觉察到家里来了小偷，他为官清廉，家无余财，小偷来了也一定是空手而归。但是，郑板桥担心小偷碰翻了他喜欢的兰花盆，更担心小偷被他家里的小黄狗咬伤。郑板桥并没有呵斥小偷，而是随口吟诗一首:“细雨蒙蒙夜沉沉,梁上君子进我门。”小偷听到这两句诗,吓了一跳,知道自己的行踪已经暴露,正欲躲藏,又听得郑板桥吟道:“腹内诗书存万卷,床头金银无半文。”小偷也听明白了,家里没有什么东西可偷,还是快快地逃走吧。小偷赶紧转身欲逃走,郑板桥又送出两句诗:“出门休惊黄花犬,越墙莫损兰花盆。”小偷听到这里,知道郑板桥对于他这个小偷,并没有辱骂驱赶,还很关心地提醒他别碰倒兰花盆,更要提防被狗咬了。小偷很感动,小心翼翼地爬过院墙。郑板桥知道小偷已逃出院墙,随后又吟出两句诗,送给小偷,他说:“天寒不及披衣送,趁着月色赶豪门。”

二、临终教子

现在许多家庭对于子女的教育出现了一些令人忧虑的偏差,一些父母认为再苦也不能苦孩子,孩子是家庭的中心,是骄傲的小公主或小王子,父母对孩子捧在手里怕飞了,含在嘴里怕化了,把父母对子女的爱扭曲为对子女的娇惯和放纵,把正常的父爱母爱变成对子女的溺爱。古人说:“虽曰爱之,其实害之;虽曰爱之,其实仇之。”意思是说,父母对子女的溺爱,这是在祸害子孙,也是在为自己埋下一颗毁灭自己和家庭的炸弹。韩非子也说过一句有意思的话,他说:“人之情性莫爱于父母,皆见爱而未必治也。”韩非是说人与人之间的感情没有比得上父母爱子女的。但是父母对子女只有爱,不一定能教育出好孩子来,甚至可能适得其反,因此,有人高呼父母对子女要有点“绝情”。

断头咬乳的故事在我国流传了很久,故事是说:在中国古时候,赣州府有一户人家，父亲早年去世，留下遗腹子及寡母两人。岁月艰难，生活饥寒交迫，母亲生下遗腹子后，含辛茹苦把儿子拉扯大。此子长到五六岁时，因家里贫困，没有进学校读书，但孩子却有几分聪明和机灵，如果能够踏实做人做事，也可过上平凡而快乐的日子。遗憾的是，孩子在母亲的溺爱娇惯下慢慢长大，也逐渐走上邪路和歪路，杀人放火，盗窃官库，什么事都干，什么都敢干，由于作恶多端，这个孩子被官府逮捕并判处死刑。秋后问斩时，少年被五花大绑押上刑场，就等监斩官一声令下人头落地。就在刽子手即将动手时，这个少年向监斩官提出了一个要求，他说还想喝一口母亲的奶汁，监斩官沉思了片刻，对这个特殊要求还是同意了。少年的母亲含着泪水解开衣襟，把干瘪的乳头送进儿子的嘴里。突然，母亲发出一声惨叫，撕心裂肺。原来儿子把母亲的乳头一口咬下，鲜血染红了母亲的衣襟。儿子张开满是鲜血的嘴，吐出母亲的乳头，说："娘，不是儿子心狠，而是你的乳汁里有毒。当年如果我做坏事时你能骂我一顿，打我一顿，我也就知道对和错了，也不会落到今天这样的下场。我马上就要死了，咬下你的乳头，不让你的乳汁再去毒害我的弟弟妹妹们，让他们做一个平凡而又平常的人。这是一个让人感慨和悲伤的故事，也是一个因为溺爱子女造成的人生悲剧和家庭悲剧。

还有一本书《古今谭概》，书中也讲了一个寓言故事。传说河边的翠鸟为避免灾祸，把鸟窝筑在树梢高处。鸟妈妈下了两颗蛋，在鸟窝里精心孵蛋。过了好长时间，小鸟破壳而出，毛绒绒的小家伙甚是可爱，鸟妈妈怕小鸟不小心从树梢上的窝里掉下来摔死，于是把鸟窝从树梢上向下移了一些。又过了些时日，小翠鸟身上长出了

叙譚槩

古亭社弟梅之熉惠連通

猶龍譚槩成梅子讀未終卷歎曰士
君子得志則見諸行事不得志則托
諸空言老氏云譚言微中可以解紛
然則譚何容易不有學也不足譚不

(冯梦龙《古今谭概》书影)

羽毛，非常漂亮，鸟妈妈更是喜爱，也更害怕小翠鸟摔下来，便又一次把鸟窝向下移了一些，把鸟窝移到离地面很近的树杈上。这样，翠鸟妈妈放心了，小鸟不会因为鸟窝太高掉下来摔死。然而，鸟妈妈没有想到的是，当路过树下的行人发现鸟窝里的小翠鸟时，顺手便把小翠鸟从鸟窝里掏走了。

郑板桥又是如何教育子孙的呢？在范县做知县的第二年，52 岁的郑板桥喜得一个儿子，起名叫郑麟。郑板桥晚年得子，当然非常喜欢。但是，郑板桥没有被晚年得子这件喜事冲昏头脑，而是极其冷静，精心谋划起儿子的教育问题来了。郑板桥说："我虽然官做得不大，但大小还是个朝廷命官，吾儿也算是官二代。虽然家里不富裕，但也衣食无忧。孩子长大后，是否有出息，是否能成为对国家和对社会有用的人，这要靠他自己努力和奋斗。但是，儿子长大后，我希望他成为一个受人尊敬的人。"在郑板桥的心中，儿子将来要成为什么样的人呢？郑板桥说："余五十二岁始得一子，岂有不爱之理！

然爱之必以其道,虽嬉戏玩耍,务令忠厚悱恻,毋为刻急也。”郑板桥承认他晚年得子,没有不爱之理。但是,爱不是娇惯和溺爱,要符合儒家之道,即使是孩子在嬉戏游玩时,对他人也要忠厚悱恻,不能刻薄任性。忠厚悱恻就是忠诚厚道,待人要感情真挚,不要耍小聪明。郑板桥对儿子从不溺爱,家教甚是严苛。郑板桥 73 岁时,已经病了许久,卧床不起有些时日了,身体也很虚弱。

有一天,郑板桥把儿子郑麟叫到床前,说他很想吃儿子亲手做的馒头。郑麟虽然 21 岁了,但从来没有做过馒头,郑麟以为父亲是病糊涂了,是在有意刁难自己。眼看着病重的父亲,郑麟心里很难过。自己虽然不会做馒头,但父亲既然要吃馒头,不管多大的困难都一定要满足父亲的心愿。郑麟请教邻家阿姨后,开始研磨面粉,搅拌发酵,上火熏蒸,费了九牛二虎之力,终于把馒头做好了,喜滋滋地送到父亲的床前,这才发现父亲已经去世了。郑麟放下馒头,看到床前的茶几上有张信笺,上面写着父亲留给自己的遗言:“流自己的汗,吃自己的饭,自己的事情自己干。靠天,靠地,靠祖宗,不算是好汉。”

郑麟这才恍然大悟,父亲为什么在临终前,一定要吃自己亲手做的馒头。原来父亲在临走前还是不放心儿子,想通过亲手做馒头这件事,教育儿子形成自食其力的生活习惯和自觉意识。

民国时期的伟大的思想家、教育家陶行知先生也曾说过:“滴自己的汗,吃自己的饭,自己的事情自己干。”他的这句话,激励着当时一大批年轻有为的青年志士,努力奋斗,坚持不懈,走向成功,不辱门风。陶行知这句掷地有声的话,时至今日,也依然深刻地影响着当今人们的思维走向,成为许多人为人处世的标准。

（郑板桥临终教子）

前苏联教育家马卡连柯说得好:溺爱是父母送给孩子的“最可怕的礼物”,是可以杀死孩子的“毒药”。为人父母,不可不引起高度的警觉。在西方一些发达国家里,家长对孩子的教育与我们国家有些不同。他们凡事都让孩子自己动手去做,孩子也从不依赖父母。即使是总统的孩子上大学,也要靠打工供自己读书,不这样做将被世人笑话。而我们国家,有些人把依赖老人当作一种美事,认为这是天经地义的事,衍生出了奇奇怪怪的啃老族。从清代著名书画家郑板桥这个教子故事中,我们可以领悟到一个道理:只有培养孩子从小认识劳动的价值,着力培养其自食其力、艰苦奋斗、开拓精神,才有益于孩子的健康成长。

三、家书抵万金

古人常常说“三十而立”,说的是作为一个男人,30 岁时应该事业有所成就，家庭和美。郑板桥虽然有才，但科举之路走得并不顺利。雍正十年(公元 1732 年)，40 岁的郑板桥才考中举人。4 年后，即乾隆元年(公元 1736 年)，郑桥板进京参加礼部会试和太和殿前的殿试，考中进士。郑板桥性格耿直，不善钻营，更不熟悉官场上的种种潜规则，他虽然考中进士，但一直没有谋到一官半职。直到 1742 年，知天命之年的郑板桥才在慎郡王允禧的帮助下被朝廷任命为范县令，4 年后，郑板桥又被调往潍县，直到 1752 年底，身为潍县令的郑板桥在赈灾问题上与上级领导有分歧，得罪了领导，以身体有病为由愤然辞去县令之职。郑板桥当了 12 年县令后，回到阔别已久的老家兴化，后又来到扬州，完全淡出官场，以卖画为生。

郑板桥虽然只做了个县令，官位七品，可以说是个芝麻小官，但他在范县和潍县期间，重视农桑，体察民情，努力赈灾救灾，使两县的百姓安居乐业。1753 年，61 岁的郑板桥离开潍县时，老百姓遮道挽留，家家画像以祀，并自发在潍城海岛寺为郑板桥建立了生祠，郑板桥官职虽小，但官声显著，是当时朝野有名的官宦。

1742 年，50 岁的郑板桥离开家乡去范县上任时，没有携带家眷。两年后，儿子郑麟出生，晚年得子，对于郑板桥来说是人生的大喜事。为了不影响工作，郑板桥只是抽空回家探望了妻子饶氏和刚出生的儿子。在家里过了几天，郑板桥还是孤身一人北上山东，把家眷留在老家兴化。郑板桥知道关山路远，父子分隔，对于儿子的教育和成长不利，于是便把教育儿子的重任托付给自己的堂弟郑墨。对于儿子的教育，虽然托付给了自己的堂弟，但郑板桥仍然有些不放心，时常利用政务闲暇时间给自己的堂弟写信，其中的重要内容之一就是和堂弟讨论子女的教育问题。

1997年11月，四川巴蜀书社出版了《郑板桥文集》，收录郑板桥家书64封，其中《答同年蔡希孟》《复同寅朱湘波》《与同学徐宗于》《复同年孙幼竹》四封书信严格来讲不算家书，真正的家书只有60封，其中写给堂弟郑墨的49封，写给堂弟郑文的2封、写给表弟郝兼的3封、写给妻子饶氏的3封、写给儿子郑麟的3封。

郑板桥没有同胞兄弟，就视堂弟郑墨如手足。而郑墨是郑板桥叔父的独生子，小郑板桥25岁，是一位憨厚勤谨的读书人，郑板桥把教育儿子的重任交给他的堂弟郑墨。郑板桥在这些家书中，与家人谈读书，谈做人，谈处世，其核心都在于教育家人忠孝仁义。1749年，郑板桥在潍县当知县已经三年了，儿子郑麟已经6岁，刚入私塾读书，郑板桥给堂弟郑墨写了封家书，嘱托郑墨怎样教育刚刚进入私塾读书的儿子，即有名的《潍县署中与舍弟墨第二书》。在这封家书中，郑板桥坦诚地说："我52岁才有了一个儿子，哪有不爱他的道理呢？但爱子必须有个原则，即使平时在孩子的嬉戏玩耍中，一定要注意培养他忠诚厚道的品格，要孩子富有同情心，不能让孩子成为刻薄急躁的人，而要让孩子成为宅心仁厚的人。"郑板桥叮嘱郑墨，他不在家时，儿子便由其全权管教，要注意培养孩子的忠厚之心，根除其残忍暴虐的性格，绝对不能因为郑麟是自己的侄子就姑息迁就，因为怜惜而放纵他的行为。

郑板桥还说，人是平等的，即使是仆人的子女也是天地间一样的人，要一样爱惜，绝对不允许我的儿子郑麟欺侮虐待他们。家里鱼肉、水果、点心等吃食，都应平均分发，使大家都高兴。如果好的东西只让我儿子一个人吃，让仆人的孩子远远站在一边看着，一点都吃不到，他们的父母看到后很心痛，但又没有办法，只好让自己的孩子们离开，此情此景，每个做父母的心里肯定难受得如同刀割。

郑板桥又提醒堂弟郑墨说，读书中举人以至做官，那都是些小事，最要紧的是要让孩子们明白事理，做个好人。郑板桥要求郑墨把他的这封家书读给两个嫂嫂听，使她们懂得疼爱孩子的道理在于做人不在于做官。

至于如何聘请老师、对待同学，郑板桥也告诫堂弟不可不慎重。郑板桥说："我的儿子郑麟现在 6 岁了，在私塾中年龄最小，因此，一定要让郑麟尊敬长者，对同学中年龄较大者称某先生，稍小一点的也要称某兄，不得直呼其名。凡是笔墨纸砚一类文具，只要我家有的，应该经常分发给别的同学使用。尤其是那些贫家或寡妇的孩子，他们连买笔墨纸张的钱都没有，应当体谅他们的难处并热情帮助他们。那些穷苦人家的孩子如果上学遇到雨天不能马上回家，就要留下他们吃饭。若天色太晚，要把家中旧鞋拿出来让他们穿上回家。因为他们的父母疼爱孩子，虽然穿不起好衣服，但肯定做了新鞋新袜让他们穿着上学，遇到雨天，道路泥泞不堪，容易把鞋袜弄脏，这些穷苦人家的孩子做一件新鞋新袜很不容易。"

郑板桥又和堂弟说到聘请好的老师固然重要，但一旦聘请了老师，教育孩子尊敬老师更加重要。郑板桥说："选择好老师虽然比较困难，但尊敬老师则更加重要。选择老师不能不审慎，一旦选定了老师，就应当尊敬他，人无完人，金无足赤，不能因为老师有一些缺点而失去对老师应有的尊敬。像我们这些人，一进官场，就失去了教育孩子的机会。对孩子的教育，还得依靠老师的传道授业。"

郑板桥在家书中反复强调要尊重生命，善待自然。兴化不是水乡，胜似水乡，地势低洼，沟渠纵横，各种水生动物不计其数。郑板

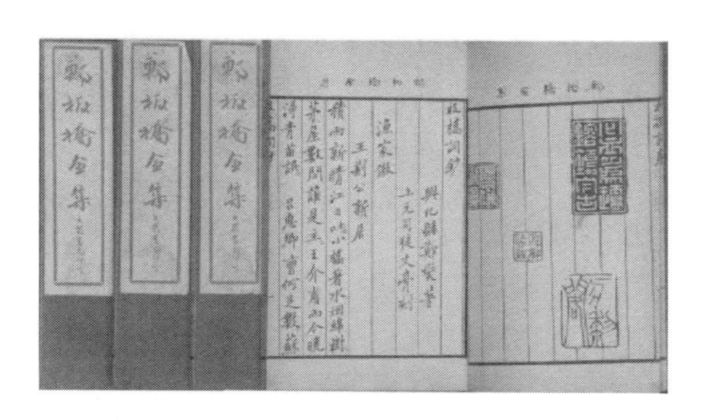

（郑板桥《板桥家书》）

桥的儿子长到五六岁了，对水里或者田间的各种小动物，甚至对一些有毒的蛇蝎等情有独钟，比如把捕来的蜻蜓用纲扣住，把捕来的螃蟹用线绑住蟹脚作为玩具。可是时间不长，这些小动物往往不是残废就是毙命，结果非常悲惨。郑板桥在给堂弟郑墨的信里说："夫天地生物，化育劬劳，一蚁一虫，皆本阴阳五行之气，细缊而出。上帝亦心心爱念，而万物之性，人为贵。吾辈竟不能体天之心以为心，万物将何所托命乎？蛇蚖、蜈蚣、豺狼、虎豹，虫之最毒也，然天既生之，我何得而杀之？若必欲尽杀，天地又何必生？"如何对待这些闯入人们生活里的动物呢？郑板桥说："亦惟驱之使远，避之使不相害也。"说得通俗一点，就是得罪不起却可以躲得起。这种爱护动物、与动物和谐相处的品质在今天依然有着非常重要的现实意义，不能不令我们深思。

郑板桥家有几间老房子，不常打扫，屋里落满灰尘是常有的事，蜘蛛就会藉此在房屋的一端吐丝结网，儿子见了，觉得好玩，有时把网撕破，有时还会把蜘蛛网裹在拍子上黏知了，黏蜻蜓。结果蜘蛛有家不能回，断了蜘蛛的生路。郑板桥批评儿子的做法，儿子身边的一些人就以蜘蛛“夜间咒月”为理由来搪塞郑板桥，为郑板桥的儿子辩护。郑板桥知道了，非常生气，对堂弟郑墨说：“蜘蛛结网，于人何罪？或谓其夜间咒月，令人墙倾壁倒，遂击杀无遗。此等说话，出于何经何典，而遂以此残物之命，可乎哉？可乎哉？”

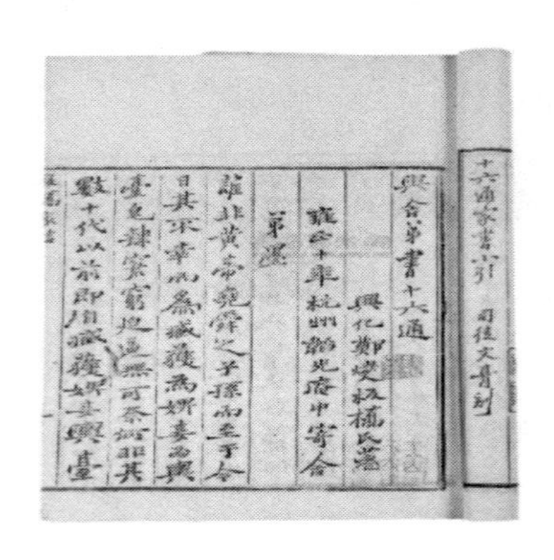

十六通家書小引　司徒文膏刻

與舍弟書十六通

興化鄭燮板橋氏著

雍正十年杭州韜光庵中寄舍

弟墨

誰非黃帝堯舜之子孫而至于今

日其不幸而為臧獲為婢妾為輿

臺皂隸窘窮迫逼無可奈何非其

數十代以前即自臧獲婢妾輿臺

（郑板桥《板桥家书》书影）

郑板桥在《潍县寄舍弟墨第三书》中，专门给儿子抄录了四首诗，请堂弟郑墨教儿子唱、读，并要儿子唱给长辈们听。这四首诗分别是：聂中夷《咏田家》：“二月卖新丝，五月粜新谷；医得眼前疮，剜却心头肉。”李绅《悯农》：“锄禾日当午，汗滴禾下土；谁知盘中餐，粒粒皆辛苦。”张愈《蚕妇》：“昨日入城市，归来泪满巾；遍身罗绮者，不是养蚕人。”浙江的《数九歌》：“九九八十一，穷汉受罪毕；才得放脚眠，蚊虫蝎蚤出。”

郑板桥在信中就家里买墓地一事，讲到了为人应当“去浇存厚”的道理。郑板桥的父亲生前看中了一块墓地，但其中有座无主孤坟必须刨去，其父忠厚善良，不愿干掘人祖坟之事，只得暂时放弃购买这块墓地的打算。而郑板桥想法却不同，他认为，如果别人把这块墓地买去了，可能会挖去那座孤坟。还不如我们自己买过来，这座无主孤坟还可保留下来。为了防止子孙将来看着这座孤坟不顺眼，刨了这座孤坟，郑板桥建议立下石碑，告诉后世子孙，要好好保护这座无主孤坟。清明上坟祭祀时，对这座孤坟也要一并祭奠。在封建士大夫眼中，风水宝地向来非同寻常，是不容他人沾光的。在这个问题上，郑板桥却能推己及人，告诉家人要"去浇存厚"，以"仁"传家。只要怀揣一颗仁德之心，恶风水也能变成好风水，邪恶也能变得美好。此种思想放在今天同样值得推崇。说实话，人们在造房子、选墓地的时候，都希望选个好风水，这是人之常情。而郑板桥却认为即使有不好的风水，但是只要我们为人心存善良，忠厚诚实，也会变成好的风水。他的这些话是很有见地的。我们试想一下，古代帝王将相的墓地可是费尽心思才挑选出来的，不能说风水不好，但是却还是逃不过盗墓者的频繁造访，反倒是那些平民百姓可以得以安息。因此所谓的善与不善之地，其实与风水并没有什么关系，只要人在生前为人正直善良，但求无愧于心，那么死后就能安心了。

作为一名出身寒微的知识分子，郑板桥一向关心百姓、乐善好施，也以此教育子弟。他在《范县署中寄舍弟墨》中告诫弟弟，要"敦宗族，睦亲姻，念故交"，"相周相恤"。就是说，自己富贵了，还要帮助别人，和乡邻团结友爱。在乐善好施方面，郑板桥有言有行。早年在山东范县做县令时，他让前去探望他的堂弟带着他的俸禄，回到家乡分送给生活困难的乡邻。郑板桥在家书中嘱托堂弟"汝持俸钱南归，可挨家比户，逐一散给。南门六家，竹横港十八家，下佃一家，派虽远，亦是一脉，皆当有所分惠。麒麟小叔祖亦安在？无父无母孤儿，村中人最能欺负，宜访求而慰问之。……其余邻里乡党，相赒相恤，汝自为之，务在金尽而止。”在潍县做县令时，他也年年捎钱回家，救济家乡族内族外的穷苦人家。郑板桥的这些善行，对自己的子孙、对他人都起到了很好的表率作用。

附录一：资料摘编

【1】若事事预留把柄，使入其网罗，无能逃脱，其穷愈速，其祸即来，其子孙即有不可问之事、不可测之忧。试看世间会打算的，何曾打算得别人一点，直是算尽自家耳！

——郑板桥《光庵中寄舍弟墨》

【译文】如果每件事情都预先留下他人的把柄，使他人进入罗网，不能逃脱，那就会穷得越来越快，祸事也会随之而来，他的子孙也会有不可预测的祸事和忧患。试看这个世间会打算的人，哪里能算计到别人什么，都是把自己家算计穷尽了啊！

【2】吾辈存心，须刻刻去浇存厚。虽有恶风水，必变为善地，此理断可信也。

——郑板桥《焦山双峰阁寄舍弟墨》

【译文】我们这辈人要存有这样的心思，应该时时刻刻去除心计，存有待人宽厚之心，以仁为本。这样即便是不好的风水，也必将变为好地方，这个道理是断然可以相信的。

【3】以人为可爱，而我亦可爱矣；以人为可恶，而我亦可恶矣。

——郑板桥《淮安舟中寄舍弟墨》

【译文】认为人是可爱的，那么我也是可爱的人；认为人是可恶的，那么我也是可恶的啊。

【4】设我至今不第，又何处叫屈来？岂得以此骄倨朋友！敦宗族，睦亲姻，念故交，大数既得；其余邻里乡党，相周相恤，汝自为之，务在金尽而止。

——郑板桥《范县署中寄舍弟墨》

【译文】假设我到现在仍然没有及第，又能去哪里喊冤屈呢？怎么能够用这个(官位)在乡亲邻里间高傲自大！诚心诚意对待宗族，与姻亲和睦，挂念着故交好友，那么大体上就可以了；其他的邻里乡亲，互相照顾和体恤，你自己看着办，务必在钱用完后就停下好了。

【5】家人儿女，总是天地间一般人，当一般爱惜，不可使吾儿凌虐他。凡鱼飧果饼，宜均分散给，大家欢嬉跳跃。若吾儿坐食好物，令家人子远立而望，不得一沾唇齿，其父母见而怜之，无可如何，呼之使去，岂非割心剜肉乎！夫读书中举，中进士，作官，此是小事，第一要明理作个好人。

——郑板桥《潍县署中与舍弟墨第二书》

【译文】别人家的孩子，都是天地间一样的人，应当一样地爱护疼惜，不能让我的儿子去欺负虐待他人。凡是鱼肉、点心、水果等物，均匀地分给孩子们比较好，那么大家都会欢快地嬉笑跳跃。如果我的儿子坐着吃好东西，而让别人家的孩子远远地站着看，不能尝上一口，他们的父母看到了也会可怜孩子们，又没有办法，只能呼唤孩子离去，那不是让父母割心剜肉吗！你们读书中举人，中进士，去做官，这些都是小事，首要的便是要明白道理，做一个好人。

【6】他自做他家事，我自做我家事，世道盛则一德遵王，风俗偷则不同为恶，亦板桥之家法也。

——郑板桥《范县署中寄舍弟墨第四书》

【译文】他做他自己家的事，我做我自己家的事，世道昌盛，我就一心一意遵循正义之道；若风俗浅薄，也决不随着坏人一起作恶，这也是板桥家法吧。

【7】天寒冰冻时，穷亲戚朋友到门，先泡一大碗炒米送手中，佐以酱姜一小碟，最是暖老温贫之具。

——郑板桥《范县署中寄舍弟墨第四书》

【译文】天寒冰冻时，穷亲戚朋友到门，先泡一大碗炒米送到他们手中，再用一小碟酱姜佐餐，这是最能使老人、穷人感到温暖的食品了。

附录二：后人评说

【1】三绝诗书画，一官归去来。

——（清）李鳝《楹联丛话》

【译文】郑板桥的诗、书、画都非常绝妙，去当官又回来了。

【2】坦白胸襟品最高，神寒骨重墨萧寥。朱文印小人千占，二十年前旧板桥。

——启功《论书绝句》第八十八

【译文】郑板桥言行坦白，胸襟开阔，人品高尚，书法笔力凝重，点画不取矫饰，平视并时名家，书法神韵骨重神寒没有人超过他。郑板桥常取刘禹锡诗句刻为小印，文曰"二十年前旧板桥"。

【3】板桥行楷，冬心分隶，皆不受前人束缚，自辟蹊径。

——（清）杨守敬《学书迩言》

【译文】郑板桥的行书和楷书。其"六分半书"的板桥体，自辟蹊径，不受前人书法的束缚自成一体。

附录三:网上知识链接

【郑板桥纪念馆】郑板桥纪念馆,位于江苏省兴化市昭阳镇牌楼北路2号,1983年11月为纪念清代书画家、文学家郑板桥而建立。1993年11月新建馆舍为古典式建筑,迎门为大型花岗岩郑板桥全身塑像、郑板桥兰竹石大理石壁雕。该馆藏品1 181件,其中郑板桥书画墨迹33幅,金农、闵贞、郑銮、刘熙载等人的书画348件,当代名人为纪念郑板桥、施耐庵而作的书画833件。

【六分半书】“六分半书”指的是清代郑燮(郑板桥)所创书法字体,世人亦称“板桥体”。他以隶书笔法形体掺入行楷,创出这种介于楷、隶之间,而隶多于楷的字体。由于隶书又称“八分”,因此郑燮戏称自己所创的这种非隶非楷的书体为“六分半书”。

【郑板桥墓】郑板桥墓位于江苏省兴化市大垛镇管阮村北,郑板桥林园陈列室西侧,旧地名“郑家大场椅把子地”。1964年,为纪念郑板桥逝世200周年,当地政府重修郑板桥墓,将其迁葬于鹦鹉桥畔海子池中方壶岛上。1995年4月19日,郑板桥墓被江苏省人民政府公布为第四批江苏省文物保护单位。

【郑板桥故居】郑板桥故居位于江苏省兴化市东城外郑家巷7-8号,坐北朝南,前后两进,有正屋坐南北房3间,另有门楼、小书斋、厨房各一间。故居内陈列郑板桥生活用具及郑板桥书画复制品、研究郑板桥的资料等,堂屋条台上立有一古铜色郑板桥全身塑像。1983年全面修缮,为市级文物保护单位。

第十二章　六尺巷里写人生

——桐城张英、张廷玉父子宰相的明礼谦让家风在天安门的广场东北侧，有一座三重围墙的封闭式庭院，与不远处人山人海的故宫相比，此处游人稀少，红墙黄瓦的皇家建筑在院内的古柏松涛中更显得庄严肃穆，这里便是北京市“劳动人民文化宫”，在明清两代是皇家太庙的所在地。太庙就是中国古代皇帝的宗庙，最早仅是皇家供奉祖先的地方，后来皇后和功臣的神位在皇帝的批准下也可以被供奉在太庙。在封建时代，作为臣子死后能够被供奉在太庙，必然是对朝廷做出了巨大贡献，配享太庙是一种莫大的荣耀。有清一代近 300 年，配享太庙的功臣仅有 26 人，其中满蒙建有功勋的亲王 13 人，如历史上赫赫有名的多尔衮、恭亲王奕䜣等，文武功臣也是 13 人，有著名的鄂尔泰、福康安等。清朝是满族入主中原，配享太庙的大都是满蒙贵族，但这其中居然有一位汉臣张廷玉。张廷玉，字衡臣，号砚斋，安徽桐城人，康熙三十九年(公元 1700 年)进士。张廷玉为官 50 年，历康熙、雍正、乾隆三朝，可谓三朝元老，曾任礼部尚书、户部尚书、吏部尚书、保和殿大学士(内阁首辅)、首席军机大臣等职，死后谥号“文和”，配享太庙，是整个清朝历史中唯一一位以汉臣身份获此殊荣的大臣。

一、六尺巷子

说到张廷玉，人们自然会想起桐城张英、张廷玉父子，以及六尺巷的故事。

继 2014 年 11 月中纪委书记王岐山低调造访六尺巷后，2016 年春晚上明星赵薇的一曲《六尺巷》，让六尺巷的知名度再度走高。赵薇这样唱道：“我家两堵墙，前后百米长。德义中间走，礼让站两旁。”很快，这个位于安徽省桐城市一角的长不到200米的小巷子变成了新的旅游热门景点，一时间游人如织，热闹非凡。而在这之前，桐城六尺巷的故事也早已广为人知，六尺巷因其蕴含的明礼谦让、里仁为美的文化内涵，亦成为中华传统美德的一个重要精神象征。说起六尺巷的故事，还要从清朝康熙年间谈起。

（江小角、陈玉莲点校《父子宰相家训》）

一天，康熙皇帝的重臣、文华殿大学士张英正在家中书房读书，突然仆人送来一封信，说是安徽桐城老家寄来的。张英虽在京为官，一家老小也都在京居住，但在桐城老家还有一些侄子辈的后辈看守老屋。一听说是老家来信，张英连忙放下手中的书，伸手接过。打开信一看，张英的脸色就立刻沉了下来，看完信，竟狠狠地将信扔在桌上，大声喝道：“简直成何体统！”气得他在书房里来回踱步。一旁的仆人很少见到儒雅持重的主人发这么大的脾气，吓得站在一旁也不敢出声。正好这时张英的儿子张廷玉听到父亲在书房中的动静，赶紧过来探看究竟。张英见儿子进来，便将桌上的老家来信递给了张廷玉。张廷玉自是不敢怠慢，赶紧接过迅速看完。原来张英桐城老家的邻居吴家翻修宅院，张家人认为吴家所修院墙逾界，侵占了自己的宅基地，吴家则认为张家是仗势欺人，自家并未逾界，不肯退让。两家就为了一点宅基地争执不下，各不相让，最后一起闹到了当地县衙。张家是当朝宰相府邸，吴家也是当地有名的乡绅，小小的桐城县令两边都不敢得罪，只好在中间做和事佬，劝完了张家劝吴家，劝完了吴家劝张家，就是说不出谁对谁错。张家情急之下，只好写信给在京城做官的张英求援，想请张英给地方官吏打个招呼。

张廷玉看完信，看着气头上的父亲，也不敢多言。张英见儿子一言不发，便说："我们张家的人怎么能做出这样的事情！"

一般父亲在面前的时候，张廷玉是很少发表议论的。这次，张廷玉知道父亲让自己看了信，也就是在考问自己对这件事情的看法，便说："为宅基之事争执，既然已经告到官府，那就让官府按律秉公处理好了，我们不便插手。"

张英却不以为然，正声说道："你觉得当地的县令真的会秉公处理吗？虽然吴家在桐城也是大户，但是毕竟不能和我们比。你想想，一个小小的县令他真的敢判我们张家败诉？就算我真的写信给桐城县令让他不要碍于我的情面而公正办理，他也一定以为我是在有意暗示。先不论究竟是谁对谁错，这样闹到最后，地方上的官员肯定还是会偏向我们张家的。此事若在乡里传开，这不有辱我们张家世代维系的门风吗？"

一番话说得张廷玉不知所以，张英也不再理睬儿子，转身走到书桌前，大笔一挥，写下回信，交由仆人赶快寄回老家。

在桐城的张家人收到回信，满心欢喜，心想这下接到朝中的张英回信，吴家肯定是斗不过自己了。哪知道打开信，众人一下子都傻了眼。原来千里迢迢从北京寄回的信上只有一张纸，上面只是写了一首诗："千里修书只为墙，让他三尺又何妨。万里长城今犹在，不见当年秦始皇。"张家人读后顿时羞愧难当，也理解了张英的意思，当天就默默地主动将自家宅院墙基退后三尺。吴家见状，颇为感慨，也同样后退三尺，遂成为一条六尺宽的巷子，六尺巷也因此而得名。此后，六尺巷的故事广为流传，成为妇孺皆知的一段佳话。

（安徽桐城的六尺巷）

一般看这个故事，人们大都只是注意到官拜大学士的张英身为朝中重臣，在面对家人与权势远不如自家的邻居发生纠纷时，并不以势压人，而是主动拆墙退让、和睦邻里的高姿态。但是作为邻居的吴家，虽然在地方有点地位，但毕竟远逊于张家。吴家面对与豪门大户的张家的宅基纠纷，不但敢力争不让，甚至还敢主动去打官司，试图通过法律手段解决纠纷。这虽然说明了吴家不畏强权的勇气，但也可以从另一个角度看出，吴家之所以敢这么做应该是基于一个前提认知，那就是即使有人在朝中做官，位高权重，但张家还是一个可以讲道理的地方。这种认知正是来自于日常与张家相邻相处之中，感知到的张家为人处世的态度。

二、父子双宰相，一门十进士

桐城张英、张廷玉父子是历史上有名的“父子宰相”。张英曾任礼部尚书、工部尚书、翰林院掌院学士、文华殿大学士等职。大学士就相当于当朝的宰相，所以桐城人都称张英为“老宰相”。张英一生为官清廉，为人谦和，被康熙誉为“始终敬慎，有古大臣风”。自张英、张廷玉后，张氏后人也有不少进入仕途，除了张英、张廷玉“父子双宰相”，还出现了一门“三世得谥”（张英、张廷玉、张若渟）、六代翰林（张英、张廷玉、张若霭、张曾敞、张元宰、张聪贤）、“一门十进士”（张英及四个儿子、四个孙子和一个曾孙）等辉煌的家族奇迹，至于张氏一门历代出现的举人秀才就更是难计其数。早在明代，张氏家族在桐城就已经是非常有名望的大家族，从张英的曾祖起张家就开始世代为官。张英的曾祖父张淳，明隆庆年间进士，曾任陕西左参政；其祖父张士维为赠正议大夫、广东按察使；其伯父张秉文是明代万历年间进士，任山东布政使赠太常寺卿；族叔张秉贞是崇祯年间的进士，曾任户部郎中、蕲黄兵备、浙江巡抚。另有族叔张秉观等虽只是地方普通官员，但都颇有官声。到了清初张英、张廷玉父子时期，桐城张家更是走向鼎盛，甚至一直到晚清光绪年间，张氏族人都依然活跃在中国各地的官场之上。张英第七世孙张绍华，光绪时进士，官至湖南布政使；八世孙张诚，光绪时举人，曾为户部候补员外郎。据统计，清代所有的省份，包括边疆地区，上自总督、巡抚，下至知州、知县，几乎都曾有张氏族人任职。这无论是在中国的科举史上还是家庭史上，都是绝无仅有的。从明末一直到清末，一个家族能绵延数百年而长盛不衰，这一方面和桐城地区文风昌盛有关，但更重要的还是得益于张家良好的家训家风的教诲和熏陶。

（安徽桐城文庙）

除了六尺巷的故事，安徽的桐城民间还流传着另一个张家先祖的故事。明朝末年，张家有一位读书人耕读持家，虽然家境贫寒，但一直品行高洁。这位读书人有一次在自家田地里锄地，竟挖出了许多银子，家里已经快揭不开锅了，但是他并不为所动，而是偷偷地将银子埋在原地，也没有告诉家人。直到临死之前，他才将这个秘密告诉两个儿子，并叮嘱他们说："这银两虽埋在自家土地里，但并非属于我们张家，我们不能据为己有。将来若是遇到灾荒，方可以挖出来救济灾民用。"两个儿子也一直谨遵父亲的遗训，无论生活多么困难，一直没有打那笔银子的主意，因为他们知道那本不属于张家的钱财。直到几年后，江淮一带发生饥荒，张家的儿子才将这笔银子从地下挖出用于赈灾。当地官员感于张家的义举，准备为其向朝廷请求表彰，但张家的儿子认为这只是做人的本分，坚决不肯接受表彰，这在当地又留下了一段美名。

从挖银赈灾到六尺巷主动让地三尺，可以看出，不争不占的礼让之风正是张家世代视为生命所维系的家风。今天的六尺巷前后两端各树立着一座汉白玉的牌坊，其中六尺巷前方牌坊上面镌刻着“礼让”二字，这二字说的也正是桐城张氏的家风。张氏一门，虽数代为官，世代簪缨，但家中祖祖辈辈一直恪守谦逊礼让的家风。

张英的伯父张秉文就是明末有名的忠节之臣，在山东布政使任上遇到清兵围困济南，张秉文守城力战，以身殉国，妻妾也一同赴死。张秉文的侄子也就是张英的胞兄张杰便帮助照顾伯父的遗孤，打理家业。张秉文的儿子成年后非常感谢张杰，想将家中田地赠送给他以表示感谢，张杰却坚决辞让，不肯接受。

张英的父亲张秉彝虽一生不曾当官，却十分重视家中子女的教育。张英入京当官后，张秉彝一直教育张英要认识到自己能当官是张家先祖几辈子积累的福报，所以告诫张英在朝为官一定要低调行事，不可与人相争。张英也确实是按照父亲的教诲，一直保持谦逊礼让的作风，不与人争，不贪功居功。张英当朝为官数十年，位极人臣，对待朝中同僚尤其是级别低于自己的官员却始终保持着一种宽容退让、与人为善的态度。虽然身处权力核心，在康熙朝诸位皇子争储斗争愈演愈烈的时候，张英始终没有攀附任何一派，不参与党争，也从不讦人过失。他对于真正的人才总是积极保荐，保荐成功却不愿意在当事人面前居功，甚至很多被张英推荐升官的人都不知道是他在暗中出力。

三、“居家简要，可久之道”

张英谦逊礼让的作风还表现在面对财富的不贪不占，生活俭朴，为官清廉。他教育家中后人“居家简要，可久之道”，认为持家最以“节俭”为第一要义。张英本人更是积极带头厉行节约，张英无他爱好，唯爱饮茶，但怕这个爱好为他人所利用，便一直坚持只饮用自家采购的产自家乡龙眠山的土茶。他一生粗茶淡饭，甘之如饴。张英六十大寿时，家人认为张英一生俭朴，六十大寿应该好好操办一下，就瞒着张英预订了几桌酒席，还请了戏班子准备好好热闹一番。哪知张英知道后竟大发雷霆，将夫人和管家狠狠地骂了一顿。管家觉得委屈，辩解说普通人家的老人做寿都要摆几桌酒，再说也不是什么大操大办，更没有收外人的贺礼，就是家里人在一起庆贺一下。张英就语重心长地告诫家人：“这世上的骄奢浪费的风气，都是从世家大族开始带头，才带动俗世小民的不良风气，我们张家作为世家大族更要注意勤俭持家，做平民百姓的表率。”最后张英和家人商量，正好时值隆冬，就用准备祝寿的银子做了一百多套棉衣，送给了路边流浪的灾民。

生活上的俭朴也造就了张英为官清廉，张英经常说：“用钱财贿赂上官带来的好处，不一定比由此带来的祸端多，以钱财贿赂往往是得不偿失的事情。”他一生从不以钱财结交朝中同僚，也绝不收受他人馈赠和贿赂，甚至连皇帝赏赐的金银，他也多用来救济家乡的饥民。

张家上至古稀老翁，下至总角少儿，也无不生活俭朴，不嗜好声色华丽之物，均以骄奢浮华为耻。其实张家一直都有勤俭持家的风气，张英的父亲张秉彝就一生俭朴，一件羊裘穿了三十年也不舍得更换，即使儿子张英在朝中当了高官，也不改节俭之风。张英的妻子姚氏也出自桐城另一名门望族姚家，为清初名臣姚文然之女，但大家闺秀出身的姚氏无论是在初入张家拮据之时，还是后来张英身居高位之后，一直保持俭素的生活习惯，日常也不好华服，经常是家常的旧衣一穿就是好几年。有一次，张家的亲戚派一个女仆来张家，女仆进门见到一位衣衫粗鄙的老妇人正坐在庭院中缝补衣服，以为是相府中地位卑微的佣人，便上前不客气地问老夫人在哪？老妇人见有人问，放下手中针线抬起头来很客气地说："我就是，请问找我何事？"女仆没有想到相府的女主人居然衣着如此普通，简直和仆人无异，顿时为自己的无礼窘得无地自容。姚氏随张英居京师二十多年，谦慎好善，尤其是重视对儿女的教育。张廷玉入朝为官，她教育儿子要以父亲为榜样，谨慎宜守，不与人争。了解张家的人都说："张文端公（张英）家教甚严，实则由其夫人佐成之也。"甚至连康熙皇帝也听闻了姚氏的贤名，对身边的人称赞道："张廷玉兄弟，母教之有素，不独父训也。"

四、谦逊的张廷玉

张廷玉自幼耳濡目染家中这种不与人争、不贪名利的谦虚礼让之风，自然得益良多。张廷玉在朝为官五十多年，沉浮官场，尤其是前后侍奉康熙、雍正和乾隆三位君王，更是时时以父亲为榜样，恪守谦逊礼让的家风。

初入朝为官时，张廷玉便谨记父亲“终身让路，不失尺寸”的教诲，不以大学士儿子的身份倨傲不恭，处处低调行事，和善待人。尤其是在康熙后期争储党争已经白热化的时候，张廷玉也同父亲一样，一直没有因为贪图名利而选择加入其中一党，时刻保持中立，专心工作，因此深得康熙和雍正皇帝的信任。雍正皇帝称赞张廷玉为“大臣中第一宣力者”。有一次，张廷玉偶然患病，几天没有上朝。雍正皇帝几天没有见到张廷玉，便问近侍：“朕连日臂痛，你们知道是为什么吗？”近侍惊问何故，雍正皇帝回答说：“大学士张廷玉患病，不就等于是朕的手臂痛啊！”由此可知雍正皇帝是如何倚重张廷玉。

无论是刚刚入朝为官还是后来身居高位，张廷玉都始终如一，谦逊为人，清廉为官，以张家谦逊礼让之风作为自己为官为人的处世原则。其中最为人称道的就是张廷玉“父子让探花”的故事。

张家一直重视对后代的教育，张廷玉的几个儿子也都从小认真读书，参加科举。雍正十一年（公元 1733 年），张廷玉的次子张若霭经过乡试、会试的一路漫漫科举征程，终于走到了最终的殿试。

殿试这一天，在清宫的太和殿中，主考官将考生试卷审阅密封后送呈雍正皇帝。雍正皇帝读到排名第五的试卷时，发现该卷字画端楷，文精意绝，语极恳挚，对卷中“公忠体国”的策论尤为赞赏，便将第五名拔至第三名，即一甲第三名，也就是探花，在场的大臣也都认为皇帝的评定公允得当。等到拆开试卷一看，考生姓名“张若霭”，雍正皇帝看到原来是张廷玉的儿子，就更加高兴了，并立刻命人将这个好消息告诉张廷玉。

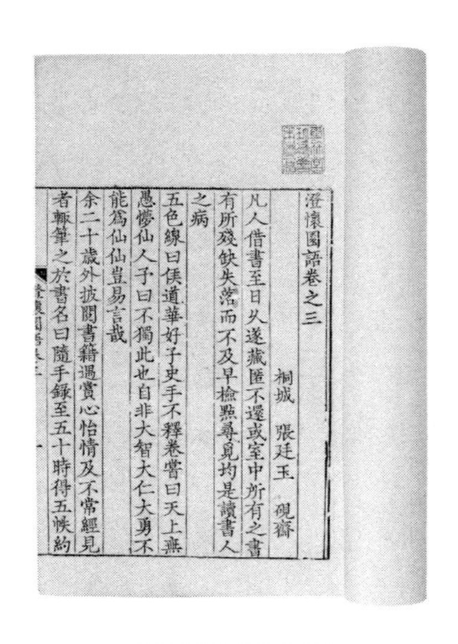
澄懷園語卷之三
桐城　張廷玉　硯齋
凡人借書至日久遂藏匿不還或室中所有之書
有所殘缺失落而不及早檢點尋覓均是讀書人
之病
五色線曰侯道華好子史手不釋卷嘗曰天上無
愚懵仙人子曰不獨此也自非大智大仁大勇不
能爲仙仙豈易言哉
余二十歲外披閱書籍遇賞心怡情及不常經見
者輒筆之於書名曰隨手錄至五十時得五帙約

(《澄怀园语》书影)

张廷玉听到儿子高中探花的消息，不但没有高兴，反而忧虑起来，自己身为军机大臣，儿子高中探花，是否会给人以裙带嫌疑？另外自己的儿子由皇帝钦定探花，由第五名拔至第三名，其实对其他普通考生不公平，张家作为世家大族就不应再挤占普通学士来之不易的登科机会。思来想去，张廷玉还是决定进宫奏请皇帝收回成命，另点他人为探花。

雍正皇帝在宫中看到张廷玉着急赶来，还以为他是道谢来的，没想到张廷玉竟提出要让出儿子探花的请求，颇为惊讶，虽然对张廷玉在儿子功名这样的大事上都能做到谦让大度颇为赞赏，但觉得自己是出于公正的裁断，便对张廷玉说："朕将张若霭名列探花，全是因他考卷成绩优异，答题颇合朕心意，并非因为他是你的儿子而有意甄拔。再说考卷事先密封，爱卿此次又行回避，朕将其定为一甲三等前并不知是谁，此事与你无关！”

张廷玉见皇帝不肯收回成命，便跪地不起请求道：“天下学子众多，寒窗苦读，唯盼登科鼎甲。臣家两代辅臣，已备受圣恩，如今臣子又登一甲三等，占尽天下寒士之先，挤占寒士进阶之途，臣于心实有不安啊！”

雍正皇帝又劝说张廷玉道：“爱卿一门为我朝尽忠尽职，今又出此优秀子弟，高中一甲，当之无愧，何必逊让？”

张廷玉还是继续跪拜请求：“倘蒙圣恩，请列二甲，已荣幸之至！”

雍正见张廷玉如此坚决，也不再坚持，只好降旨将张若霭列为第四名，即二甲第一名。事后，雍正皇帝还专门颁旨，表彰张廷玉代子谦让的美德。

从第三名降到第四名，看上去只是一个名次的差别，但实际差别很大。中国古代科举考试的最高级别就是殿试，殿试后分一甲、二甲、三甲三等，合称三甲。一甲赐“进士及第”，只取三名，这第一至三名就是人们熟悉的状元、榜眼、探花；二甲赐“进士出身”若干名，第一名通称传胪；三甲赐“同进士出身”若干名。不同的出身在以后的发展中有着至关重要的作用。一甲进士三人，殿试后立即授官职，状元授翰林院修撰，榜眼、探花授翰林院编修，日后也多为京官，处于权力的核心层。而从二甲进士之后，其他人还需要先进入翰林院继续学习，两三年后参加考试成绩优异者才可授官职，但一般也都是地方官。张廷玉这一让，等于就是让出了儿子的大好前程。但张若霭却能体会父亲的良苦用心，对父亲的安排并无一丝怨言，进入翰林院后照样刻苦读书，后来凭借自己的努力被授翰林院编修，并最终入直南书房，官至礼部尚书。张廷玉“父子让探花”的故事更是成就了中国科举史上一段罕见的佳话。

“让”对于张廷玉而言，不仅是为人为官之道，不仅是邻里之间的“礼让”，权势财富面前的“谦让”，在面对复杂棘手的问题时，更是体现出一种人生大智慧的“智让”。

康熙四十七年（公元 1708 年），张廷玉的母亲去世，不久父亲张英又病重，张廷玉向康熙皇帝告假还乡。不久，一代名臣张英在桐城老家去世，张廷玉就开始了在桐城老家丁忧三年的生活。张廷玉丁忧的第二年，一向干旱的桐城竟然发起了大水。地方官员不停地向京城报急，但京城几个月前刚刚发生了一件震动朝野的大事情，康熙皇帝废除了太子，朝中无论是太子党和反对党的官员都根本无心关注一个小小地方的水灾急报。没有中央的支持，地方官员赈灾自然不会尽力。张廷玉看到家乡百姓因水灾流离失所、饿殍遍地，就想组织张家上下捐银救灾。但赈灾是地方官员的事情，居乡的京官是不能随意干涉地方事务的，尤其张廷玉还在丁忧期间，更是敏感，一时张廷玉竟不知如何是好？几经思索，面对灾情心急如焚的张廷玉最终还是想出了一个好办法，就是自家拿出银子以康熙皇帝的名义去赈灾，让灾民感念皇帝的圣恩，这样自己就可以光明正大地去救济灾民。同时，他向皇帝上奏，说地方士绅感念圣恩也自发组织救灾。

面对灾情，张廷玉并不吝啬家中钱财，并为了赈灾方便，将自己的赈灾功劳全部归于皇帝和地方士绅，张廷玉这种一心为民，面对财富和名声不予计较，淡然处之的态度正是张家一以贯之的谦让之风，而且更是一种不争名、不贪功的“智让”的大智慧。

五、著书立训教子孙

张英、张廷玉父子不仅一直注重自身的修养，时刻恪守谦逊礼让之家风，还特别重视对子女后辈的教育。他们父子二人都在总结张家先辈立身立言、为人处世的经验教训基础上，结合自身的人生经验，撰写家训训导后代。张英总结其人生经验著有《聪训斋语》，以自己官宦仕途、为人处世等方面的亲身经历和切身体会，结合古代圣贤的言行，从立品、读书、养身、交友、为官、处世等多个方面，教导子孙。张廷玉也在父亲张英《聪训斋语》的基础上著有《澄怀园语》，作为训诫子孙之用，用自己为官五十年中“意念之所及、耳目之所经”的宝贵人生经验，训导子孙后人“知我之立身行己，处心积虑之大端”。曾国藩对张英《聪训斋语》极为推崇，并将其与康熙皇帝的《庭训格言》相提并论，称其“句句皆吾肺腑所欲言”。曾国藩甚至认为张英的《聪训斋语》要超过《颜氏家训》，“颜黄门《颜氏家训》作于乱离之世，张文端《聪训斋语》作于承平之世，所以教家者极精”。因此曾国藩要求自己的子孙人手一册《聪训斋语》，每日诵读。清代学者沈树德也对张廷玉的《澄怀园语》评价很高，“《澄怀园语》四卷，皆圣贤精实切至之语。修齐治平之道，即于是乎在焉！”

告诫子孙戒守张家世代相传的谦逊礼让的家风，是张氏父子两部家训中的主要内容。张英在《聪训斋语》中就一直强调为人处世要懂得谦让，他引用古人的话说“终身让路，不失尺寸”，一生懂得谦让的人，最终都不会有所损失的。他认为自古从来都是懂得忍让才能消灾免难，没有听说过忍让反而会招来祸患的事情。张英在家训

聰訓齋語卷上
桐城張英敦復纂
圃翁曰聖賢領要之語曰人心惟危道心惟微危者嗜
欲之心如隄之束水其潰甚易一潰則不可復收也微
者理義之心如帷之映鐙若隱若見見之難而晦之易
也人心至靈至動不可過勞亦不可過逸惟讀書可以
養之每見堪輿家平日用磁石養針書卷乃養心第一
妙物閒適無事之人鎮日不觀書則起居出入身心無
所棲泊耳目無所安頓勢必心意顛倒妄想生嗔處逆
境不樂處順境亦不樂每見人栖栖皇皇覺舉動無不

(《聪训斋语》书影)

中谆谆告诫家人：自己当官多年，一生也难免受到小人的欺侮，自己的处理方式都是不与之争一时之气，而是尽量避让。他深知吃亏是福的道理，受得小气则不至于受大气，吃得小亏则不至于吃大亏。一个人如果凡事总想着占便宜，事事争强好胜，则必然会招来众人的怨恨，反之如果事事懂得谦让，也就不会招来怨恨。《易经》六十四卦，唯一各爻皆吉的就是“谦卦”，可见“满招损，谦受益”这个中国老祖宗的至理明训，确实是中国人为人处世的人生大智慧。饱读诗书又在宦海沉浮数十年的张英自然深知这个道理。所以，张英在家训中告诉家人一个朴素而又富有辩证哲学的道理，就是终身不占便宜，反而能事事得到便宜。

那么如何做到事事谦让呢？张英在《聪训斋语》中告诉家人，自己曾在刑部为官，接触了不少重大刑事案件，这些往往都是从小事发展而来的。所以张英给家人的经验就是“欲行忍让之道，先须从小事做起”，张英自己也是这样做的，他在日常生活中就非常注重谦逊礼让。张英晚年告老还乡后，冬季居县城，春、夏、秋三季多居住在城边的山野龙眠双溪草堂，经常外出散步，路上遇到乡民，总是施礼谦让，和蔼可亲。即使身居高位时，他回乡往龙眠山祭扫祖坟，在行走不便的山路中，偶有遇见挑柴的山民，也总是主动下轿退到路旁，站到草丛中给挑柴人让路。张英身为朝廷重臣退居乡里，地方官员士绅自然是礼遇有加，但张英乡居 7 年，从来没有干涉过地方政事。康熙皇帝曾御笔赐给张英一副楹联：“白鸟忘机，看天外云舒云卷；青山不老，任庭前花落花开。”正是表达了对张英及张家这种谦虚礼让、淡泊致远的处世哲学的赞赏。

张廷玉在《澄怀园语》中也同样教导子孙要懂得谦让的道理。张廷玉认为为人处世，首先要做到“一言一动，常思有益于人，惟恐有损于人”，要凡事先替他人考虑，不可事事争先；平时说话做事，不可倨傲放纵，要时刻保持自谦的态度，只言片语都应谨慎，“一语而干天地之和，一事而折生平之福。当时时留心体察，不可于细微处忽之”；尤其是告诫子孙当官要公正自守，不要计较个人名利得失，面对权势和财富要平常对待，不可妄起贪念，“为官第一要廉，养廉之道，莫如能忍”，“拼命强忍，不受非分之财”，面对不义之财，必须做到忍住甚至是拼命强忍财富的诱惑。

从张英家训《聪训斋语》到张廷玉家训《澄怀园语》，我们清楚地看到，张家醇厚优良的家风，细致严谨的家教，“终身让路，不失尺寸”“一言一动，常思有益于人，惟恐有损于人”的谦让家风，正是张家绵延兴盛数百年的秘诀所在。得法的家族教育为张家培养了一代又一代的优秀子孙，张家的后人们无论在朝在野，皆能谨守家风，克承祖训，居官以廉，居乡以善，行礼让，重节义。他们居乡有贤名，为官有官声，不断地为庞大的张氏家族注入生机，使得这个桐城的世家得以长盛不衰，家声永继。而这谦逊礼让的家风不仅是张氏家族一家宝贵的精神财富，更是成为我们中国优秀传统家风文化的一个重要组成部分。

附录一：资料摘编

【1】读书者不贱，守田者不饥，积德者不倾，择交者不败。

——张英《聪训斋语》

【译文】读书之人会受到别人的尊重，谨守田产的人可免遭饥饿的威胁，积德行善的人不会倾覆倒下，慎重交友的人不会一败涂地。

【2】读书可以增长道心，为颐养第一事也。

——张英《聪训斋语》

【译文】读书可以增长追求世间法则至理之心，是颐养心性的第一重要之事。

【3】读书须明窗净几，案头不可多置书。读书作文，皆须凝神静气，目光炯然。出文于题之上，最忌坠入云雾中，迷失出路。多读文而不熟，如将不练之兵，临时全不得用，徒疲精劳神，与操空拳者无异。

——张英《聪训斋语》

【译文】读书需要窗明几净的环境，书桌之上不能放太多的书。读书、写文章，都需要聚精会神、沉得住气，眼光要明亮。读书的关键首先是要理解题目的意思，最忌讳不懂题意，坠入云里雾里，不知所以，迷失了方向。读书很多但是不能深入理解，就像将领不操练士兵，真正到打仗的时候完全用不上，白白劳心费神，跟打空拳的人没什么两样。

【4】言思可道，行思可法，不娇盈、不诈伪、不刻薄、不轻佻。

——张英《聪训斋语》

【译文】说话要考虑是否值得人们称道，行事要考虑是否值得人们效法。不骄傲自满，不狡诈虚伪，待人不刻薄无情，举止不轻佻浮华。

【5】凡人看得天下事太容易，由于未曾经历也。待人好为责备之论，由于身在局外也。“恕”之一字，圣贤从天性中来；中人以上者，则阅历而后得之。

——张廷玉《澄怀园语》

【译文】凡是把一切事情看得太简单的人，都是因为他阅历太浅，没有太多的社会经历。喜欢责备别人的人，是因为自己置身度外，没有真正从他人的角度考虑。“恕”这个字，是圣贤之人天性中本来就有的；中等资质以上的人，要有一定的阅历之后才能认识到。

【6】一言一动，常思有益于人，惟恐有损于人。

——张廷玉《澄怀园语》

【译文】为人处世，每说一句话、每做一件事，都要考虑到要能给他人带来益处，惟恐会伤害到他人的利益。

【7】与其于放言高论中求乐境，何如于谨言慎行中求乐境耶。

——张廷玉《澄怀园语》

【译文】与其在高谈阔论中寻求快乐，不如在谨言慎行中寻求快乐。

【8】古人有言："终身让路，不失尺寸。"老氏以让为宝，左氏曰："让，德之本也。"

——张英《聪训斋语》

【译文】古人说："一辈子懂得谦让的人，才不会有任何损失。"老子以"忍让"为法宝，左丘明也说："谦让是道德的根本。"

【9】自古只闻忍与让足以消无穷之灾悔，未闻忍与让翻以酿后来之祸患也。欲行忍让之道，先须从小事做起。

——张英《聪训斋语》

【译文】自古以来，只听说"忍耐"和"谦让"能够消除无穷无尽的灾祸与忏悔，没有听说"忍让"反而导致后来的灾祸与后患。想要践行"忍让"的处世之道，必须先从小事做起。

【10】人能知富之为累，则取之当廉，而不必厚积以招怨；视之当淡，而不必深忮以累心。

——张英《聪训斋语》

【译文】假如人们能知道会为富贵所累，就会索取适度，不会因为积财丰厚招致别人的怨恨；把财富看得很淡，就不会因为妒忌而烦恼。

【11】居官清廉乃分内之事。为官第一要"廉"，养廉之道，莫如能忍。人能拼命强忍，不受非分之财，则于为官之道，思过半矣！

——张廷玉《澄怀园语》

【译文】为官清正廉洁乃是分内之事。当官最为重要的就是要廉洁，而如何保持为官廉洁，莫过于一个“忍”字。人如果能忍住不接受非分不义之财，那么他对于为官之道就已经领悟一大半了。

【12】以俭为宝，不止财用当俭而已，一切事常思俭啬之义，方有余地。

——张英《聪训斋语》

【译文】把节俭当作宝，不止是说财用方面，而是做一切事都要常常想着节俭，这样做事才有余地。

【13】俭于居身而裕于待物，薄于取利而谨于盖藏，此处富之道也。

——张英《聪训斋语》

【译文】自己生活起居节俭但是待人接物宽裕，取利微薄却谨慎地储藏，这是对待和处理财富的正确态度和方法。

【14】每思天下事，受得小气则不至于受大气，吃得小亏则不至于吃大亏，此生平得力之处。

——张英《聪训斋语》

【译文】每每思量天下之事，能受得了小气就不会受大气，吃得了小亏就不至于吃大亏，这是我生平最受益的道理。

【15】一语而干天地之和，一事而折生平之福。当时时留心体察，不可于细微处忽之。

——张廷玉《澄怀园语》

【译文】一句话就有可能干扰、冲犯天地的平和，一件事就有可能折减毁损生平的幸福。因此应当时时留心体悟观察，千万不可在微小细节的地方疏忽大意。

附录二：后人评说

【1】康熙评价张英："才品优长，宣力已久，及任机务，悟勤益励。"

——《清史列传》卷九

【译文】康熙皇帝这样评价张英："张英才能出众，道德品质高尚，一直在为国家效力，在其进入军机处治国理政以后，见识更为高远，工作更加勤奋努力。

【2】康熙评价张英："张英老成敬慎，始终不渝，有古大臣风。"

——《国朝先正事略》卷七

【译文】康熙皇帝这样评价张英："张英为人处事老成持重，谨慎多思，一直以来，他的工作和生活都谨严有序，有古代贤臣的风范。

【3】雍正评价张英："流芳竹帛，卓然一代之完人；树范岩廊，允矣千秋之茂典。"

——《澄怀主人自订年谱》卷三

【译文】雍正皇帝这样评价张英："张英人品高洁，才华出众，一定会青史流芳，堪称一代没有缺点的完人。他的言行举止，可以作为千秋万代人们学习的典范和榜样。

【4】乾隆评价张英："尔张英端谨居心，公忠奉直。纯修素履，谦谦裕君子之风；雅尚清标，休休有大臣之度。"

——《澄怀主人自订年谱》卷四

【译文】乾隆皇帝这样评价张英：张英言行举止端正，办事谨慎周密，为人公正正直。他修身养性，不务浮华，有谦谦君子之风。张英还儒雅高洁，有让人们敬仰的大臣风度。

【5】李元度评价张英："然性实介特，义所不可，虽威重不能夺，与物无忤，而黑白较然。"

——《国朝先正事略》卷七

【译文】李元度这样评价张英：张英性格耿直，公心正行，如果是不符合道义的人和事，不管是谁，他都坚决反对，任何人都改变不了他的看法。在张英那里，是非善恶，分得清清楚楚，从来不会混淆是非曲直。

【6】方苞评价张英："致政归，啸咏于林泉者凡七年，内外完好，身名泰然，自公而外盖未之多见也。"

——《国朝耆献类征初编》卷九

【译文】方苞这样评价张英：张英离开官场的七年间，每天流连倘佯于山水之间，寄情于草木之上。他不追慕名利，身心安然自得，古往今来，像张英这样心安气静的人是不多见的。

【7】雍正评价张廷玉："张廷玉佐朕多年，居心行事，比诸古人皋、夔、稷、契，信无可愧。"

——《澄怀主人自订年谱》卷三

【译文】雍正皇帝这样评价张廷玉：张廷玉辅佐雍正皇帝许多年，他的认识和办事能力，可以与古代皋陶、夔、后稷、契等名君贤臣相比拟。

【8】乾隆评价张廷玉："喉舌专司历有年，两朝望重志愈坚，魏公令德光闾里，山甫柔嘉耀简编。调鼎念常周庶务，劳谦事每效前贤。古今政绩如悬鉴，时为苍生咨惠鲜。"

——《赐大学士张廷玉》

【译文】乾隆皇帝这样评价张廷玉：张廷玉掌管军国大政许多年，尽力辅佐康熙、雍正皇帝，其道德声名远播乡间村巷，他的功绩永载史册。张廷玉在料理国家大事时，十分敬业，常常以先贤为榜样，以古人为楷模，既为国分忧，为国尽忠，又泽惠苍生百姓。

【9】李鸿章评价张廷玉："桐城张文和公，以硕学巨材历事三朝，为国宗臣，而中更世宗皇帝御政一十三年，辅相德业，冠绝百僚，至于配食大烝，颁诸遗诏。盖千古明良遭际所未尝有。论者谓汉之萧张，唐之房杜，得君抑云专矣，视公犹其末焉。"

——《澄怀园文存序》

【译文】李鸿章这样评价张廷玉：桐城张廷玉学问渊博，才能出众，在康熙、雍正、乾隆三朝被任命为卿相，治国理政，功勋卓著，享受到皇帝恩宠和待遇，古往今来的贤臣俊杰都从来没有过。人们都认为，汉代的萧何、张良，唐代的房玄龄、杜如晦，虽然可以说是得到皇帝的专宠，但都比不过张廷玉所受的恩宠。

附录三：网上知识链接

【六尽巷】六尺巷位于安徽桐城，"桐城派"的故乡——今安徽省桐城市的西南一隅，在市区西环城路的宰相府内（省康复医院内）。六尺巷，东起西后街巷，西抵百子堂，巷南为宰相府，巷北为吴氏宅，全长100米、宽2米，均由鹅卵石铺就。清朝康熙大学士张英（清朝名臣张廷玉的父亲）的家人在重修府邸时，因院墙与邻居吴氏发生争执，所以写信给当时在京做官的张英，要求他让当地官府帮其家人撑腰。张英家人收到回信之后当即决定把院墙向后退让三尺，其邻居知道后也向后退让三尺。两家之间便空出六尺，六尺巷因而得名。后来康熙帝知道了这件事，敕立牌坊以彰谦让之德。现存在当地的牌坊，其实是 1999 年于故园重修时依旧制重建。

【桐城文庙】桐城文庙是明清以来当地祭孔的礼制性建筑群。文庙始建于元代仁宗延祐元年（公元 1314 年），明洪武初年移建于今址，后因兵火与风雨侵蚀，明清两代修葺达 19 次之多。如今的文庙依然格局堂皇，古朴典雅，颇有皇家建筑风范。文庙建筑群以大成殿为中心，以“御道”为中轴线，主要建筑有门楼、宫墙、棂星门、泮池、泮桥、大成门、崇圣祠、土神祠、东西长庑等。门楼正中鎏金“文庙”二字，系赵朴初题书；红砖围墙上“万仞宫墙”四字据说是慈禧御笔。大成殿内供奉着一圣、四贤、十二哲的坐像。当年每至秋闱，这里便香烟缭绕，士子不绝。传闻“天启六君子”之一的左光斗、“百科全书”式大哲学家方以智、“父子双宰相”张英、张廷玉以及桐城派鼻祖戴名世、方苞、刘大、姚鼐等众多名臣硕儒，于成名前均从泮桥上步入大成殿祭孔，以致金榜题名，故誉“泮桥”为“状元桥”。迄今，人们仍视登此桥为吉祥如意之乐事。

【桐城派】桐城派是我国清代文坛上最大的散文流派，亦称“桐城古文派”，世通称“桐城派”。它以其文统的源远流长、文论的博大精深、著述的丰厚清正风靡全国，享誉海外，在中国古代文学史上占有显赫地位，是中华民族传统文化中的一座丰碑。戴名世、方苞、刘大櫆、姚鼐被尊为桐城派“四祖”，师事、私淑或服膺他们的作家，遍及全国 19 个省（市）计1 211人，传世作品2 000余种，主盟清代文坛 200 余年，其影响延及近代，对当代为文亦不无启迪借鉴之作用。值得一提的是，前“三祖”戴、方、刘从未以“天下文章在桐城”自居，姚鼐更未明确言“派”。正式打出“桐城派”旗号的，是道光、咸丰年间的曾国藩，他在《欧阳生文集序》中称道方、刘、姚善为古文辞后，说：“姚先生治其术益精。历城周永年书昌为之语曰：‘天下之文章，其在桐城乎？’由是学者多归向桐城，号桐城派。”自此，以桐城地域命名的“桐城派”应运而生。